改訂版

化学基礎
早わかり 一問一答

駿台予備学校講師
西村 能一

＊この本は、小社より2012年に刊行された『化学基礎早わかり
　一問一答』の改訂版であり、最新の学習指導要領に対応させるた
　めの加筆・修正をいたしました。
＊この本には、「赤色チェックシート」がついています。

大学合格新書

「合格新書」はこんなシリーズです！

◎ハンディタイプ

ポケットに入る大きさなので，持ち運びに便利です。自宅学習のほか，通学途中や学校・図書館など，時と場面を選ばずに使えます。

◎スムーズな学習ができる

各テーマが見開き2ページ完結なので，短時間で要点をつかむことができます。一部，発展的な内容も含まれていますが，思いのほかサクサク進められます。

◎効率的に覚えられる

ページ全体を赤色チェックシートで覆うことにより，覚えるべき事項をまとめて隠すことができます。シートを移動させる手間が少ないので，ストレスなく記憶できます。

◎日常学習から入試対策まで

学力の基盤となる用語や法則などが，全般的に収録されています。そのため，共通テストなどの大学入試対策のほか，定期テスト対策としても使えます。

◎多様な使い方ができる

単元ごとにテーマ立てされているので，授業の予習や復習に最適です。また，重要事項がコンパクトにまとまっているので，試験直前の最終確認に威力を発揮します。

◎最前線の情報

大手予備校講師が，最新の学習課程と入試傾向に基づいて執筆しました。著者の指導ノウハウが凝縮されているので，抜群の学習効果が期待できます。

この本の特長と使い方

☞ 本書は，「化学基礎」の重要事項を，"一問一答"のスタイルによって理解・記憶・定着させていく問題集です。本書の構成の基本単位は「テーマ」であり，計55「テーマ」によって「化学基礎」の全範囲をカバーしています。

　また，1つの「テーマ」はすべて**見開きのレイアウト**となっています。

☞ 見開きの左ページには，設問が掲載されています。

◆ 設問の冒頭には **A**～**C** の3段階のレベルが表示されています。

　A：すべての学習者にとって必須の内容。**教科書の太字レベル**，および，**学校の定期テストに出題される**レベル。

　B：共通テスト受験者にとって必須の内容。共通テストにおいて**8割の得点が可能な**レベル，および，**入試基礎～標準**レベル。

　C：共通テストで9割以上の得点が可能なレベル。および，**難関の国公立大・私立大受験者が到達しておく**べきレベル。

◆ 設問は，原則として，1つの問いに対して答えが1通りに決まる，文字どおりの"一問一答"式です。やさしい設問が中心ですが，いずれも**エッセンスをたっぷり含んだ良問**ぞろいです。

☞ 見開きの右ページには，「解答」と「解説」が掲載されています。

◆ ページの左側に「解答」が掲載されています。

◆ ページの右側にある「解説」は**図や表**，必要に応じて「ゴロあわせ」も使っているので，コンパクトなのにとてもわかりやすいものに仕上がっています。

は じ め に

◎他にはないニュータイプの参考書！

➡ **最初のページから解く必要はありません**。自分が苦手としている『テーマ』からどんどん読んでいこう。

➡ 「語句」「語句の説明」「穴埋め」「選択」など，"一問一答"形式のさまざまなタイプの設問を載せています。

➡ 重要な語句だけでなく，重要な式（テーマ36／44／50など）や，重要な図やグラフ（テーマ5／16／46など）もたくさん載せています。

➡ 解説には大切な事項のまとめ（テーマ13／40／48など）を載せたので，**辞書代わりに使ってください**。

➡ 計算問題は，式の途中を穴埋めにしてあるので，計算用紙に書き込まなくても解けます。いつでも，どこでも気軽に開いて，**式を立てるポイントをつかんでいこう！**

◎『化学基礎』はこうして攻略しよう！

➡ 第1章『化学と人間生活』（テーマ1〜9）は身近に見られる物質の性質や化学現象について考える分野です。たくさん出てくる**専門用語を正確に覚えていこう！**

➡ 第2章『物質の構成』（テーマ10〜30）は，原子の構造や化学結合など，基本的な事項を学びます。しかし，イオン化エネルギーや原子半径の大小関係など易しくないよね。ここは**考え方をしっかり覚えることが大事**だよ。

➡ 第3章『物質の変化』（テーマ31〜55）は，化学計算のオンパレード！　化学計算を得意にするには，現象をしっかり理解すること。公式に当てはめようとしても，問題を解けるようにはならないよ。また，**計算式には意味がある**よ。単位を意識して式を立てていこう！

◎化学は暗記だ！

今まで授業中に，「考えれば解けるようになる」と教えてきました。その考え方は変わりません。でも，何を勘違いしたのか「あまり覚えなくても考えれば解ける」と思う人が増えたのです。

物質の色とか，何が酸化剤になるかとか……覚えなくては浮かびすらしませんよね。だから，『化学は暗記だ！』と言う方針に変えました。

　まず必要なことは覚えよう。そして，覚えたことがしっかり説明できるように理解しようと。『暗記さえすれば解ける』ではなく，『暗記をして考えれば解ける』なのです。

◎本はキレイよりボロボロのほうが使いやすい！

　この一問一答だけで，化学の点数が取れるようにはなりません。やっぱり手を動かして解くことが一番大事。でも，**すき間時間**（電車の移動，休み時間，寝る前など少しの時間）に暗記事項を効率よく覚えておくと，問題に向かったときすんなり解けるぞ。それに，机に向かって一気に覚えるより，少しずつ繰り返し覚えていくほうが定着しやすいよね。

　だから，いつもかばんの中に入れておいて，気になったら目を通そう！　また，気づいたことはどんどん本の中に書き込んでいこう。ボロボロになるくらい使いこんだら，きっと化学が楽しくなる♪

◎最後に

　前作は，たくさんの人に使ってもらうことができました。とっても嬉しく自分の励みにもなりました。今回，さらにバージョンアップし，さらに多くの人が使ってくれ化学が得意になってくれることを願っています。どこかで見かけたとき，声をかけてくれれば，いつでも応援コメントを書くよ！

努力・研精・質実・時習

西村　能一

もくじ

第1章　化学と人間生活

第2章　物質の構成

第3章　物質の変化

さあ一緒に勉
強しよう！

凡例：
原子番号 → 1　元素記号 → H　1.0 ← 原子量　水素 ← 元素名

：気体　：液体　（灰色）他は固体

*2022年4月現在

族	1	2	3	4	5	6	7	8	9	10	11	12	13	14	15	16	17	18
1	1 H 1.0 水素																	2 He 4.0 ヘリウム
2	3 Li 6.9 リチウム	4 Be 9.0 ベリリウム											5 B 10.8 ホウ素	6 C 12.0 炭素	7 N 14.0 窒素	8 O 16.0 酸素	9 F 19.0 フッ素	10 Ne 20.2 ネオン
3	11 Na 23.0 ナトリウム	12 Mg 24.3 マグネシウム											13 Al 27.0 アルミニウム	14 Si 28.1 ケイ素	15 P 31.0 リン	16 S 32.1 硫黄	17 Cl 35.5 塩素	18 Ar 39.9 アルゴン
4	19 K 39.1 カリウム	20 Ca 40.1 カルシウム	21 Sc 45.0 スカンジウム	22 Ti 47.9 チタン	23 V 50.9 バナジウム	24 Cr 52.0 クロム	25 Mn 54.9 マンガン	26 Fe 55.8 鉄	27 Co 58.9 コバルト	28 Ni 58.7 ニッケル	29 Cu 63.5 銅	30 Zn 65.4 亜鉛	31 Ga 69.7 ガリウム	32 Ge 72.6 ゲルマニウム	33 As 74.9 ヒ素	34 Se 79.0 セレン	35 Br 79.9 臭素	36 Kr 83.8 クリプトン
5	37 Rb 85.5 ルビジウム	38 Sr 87.6 ストロンチウム	39 Y 88.9 イットリウム	40 Zr 91.2 ジルコニウム	41 Nb 92.9 ニオブ	42 Mo 96.0 モリブデン	43 Tc (99) テクネチウム	44 Ru 101.1 ルテニウム	45 Rh 102.9 ロジウム	46 Pd 106.4 パラジウム	47 Ag 107.9 銀	48 Cd 112.4 カドミウム	49 In 114.8 インジウム	50 Sn 118.7 スズ	51 Sb 121.8 アンチモン	52 Te 127.6 テルル	53 I 126.9 ヨウ素	54 Xe 131.3 キセノン
6	55 Cs 132.9 セシウム	56 Ba 137.3 バリウム	57〜71 ランタノイド	72 Hf 178.5 ハフニウム	73 Ta 180.9 タンタル	74 W 183.8 タングステン	75 Re 186.2 レニウム	76 Os 190.2 オスミウム	77 Ir 192.2 イリジウム	78 Pt 195.1 白金	79 Au 197.0 金	80 Hg 200.6 水銀	81 Tl 204.4 タリウム	82 Pb 207.2 鉛	83 Bi 209.0 ビスマス	84 Po (210) ポロニウム	85 At (210) アスタチン	86 Rn (222) ラドン
7	87 Fr (223) フランシウム	88 Ra (226) ラジウム	89〜103 アクチノイド	104 Rf (261) ラザホージウム	105 Db (262) ドブニウム	106 Sg (263) シーボーギウム	107 Bh (264) ボーリウム	108 Hs (269) ハッシウム	109 Mt (268) マイトネリウム	110 Ds (269) ダームスタチウム	111 Rg (281) レントゲニウム	112 Cn (285) コペルニシウム	113 Nh (278) ニホニウム	114 Fl (289) フレロビウム	115 Mc (289) モスコビウム	116 Lv (293) リバモリウム	117 Ts (293) テネシン	118 Og (294) オガネソン

A☐❶ 化学とは何について学ぶ学問であるか。

B☐❷ 金属を材料として使うために，化合物から金属の単体のみを取り出す方法を何というか。

C☐❸ 鉄，銅，アルミニウムについて，人類が利用し始めた年代の古い順に並べよ。

C☐❹ 鉄，銅，アルミニウムについて，世界での生産量の多い順に並べよ。

B☐❺ 鉄，銅，アルミニウムについて，地殻中の存在率の大きい順に並べよ。

A☐❻ 銅は [ア] 色の軟らかい金属で，[イ] や [ウ] をよく通す。

A☐❼ 銅と亜鉛の合金を何というか。

A☐❽ 銅とスズの合金を何というか。

B☐❾ 銅とニッケルの合金を何というか。

C☐❿ 銅の工業的製法で用いる銅の鉱物名を一つ答えよ。

A☐⓫ 銅の工業的製法は，❿ をコークス(炭素)，石灰石とともに熱し，[ア] を得る。さらに電気分解によって高純度(99.99％)の [イ] にする。

B☐⓬ ⓫ で行う電気分解を特に何というか。

B☐⓭ 純鉄は比較的軟らかいが，これに少量の [ア] を混ぜると硬さや強さが増して [イ] となる。

A☐⓮ 鉄とニッケル，クロムの合金を何というか。

B☐⓯ 鉄の表面に亜鉛をめっきしたものを何というか。

B☐⓰ 鉄の表面にスズをめっきしたものを何というか。

B☐⓱ 鉄鉱石におもに含まれる鉱物名を二つ答えよ。

B☐⓲ 鉄の製錬に必要な物質を二つ答えよ。

A☐⓳ 溶鉱炉から得られる炭素を多く含む鉄は何か。

A☐⓴ ⓳ を転炉に移し，酸素を吹き込んで炭素を燃やして炭素の含有量を減らした鉄を何というか。

解　答

❶物質
❷製錬

❸銅, 鉄, アルミニウム

❹鉄, アルミニウム, 銅

❺アルミニウム, 鉄, 銅

❻ア：赤　イ：電気
　ウ：熱
　(イとウは順不同)
❼黄銅
　(真ちゅう, ブラス)
❽青銅 (ブロンズ)
❾白銅
❿黄銅鉱, 輝銅鉱, 赤銅
　鉱, クジャク石など
⓫ア：粗銅　イ：純銅
⓬電解精錬
⓭ア：炭素
　イ：鋼 (鋼鉄)
⓮ステンレス鋼
⓯トタン
⓰ブリキ
⓱赤鉄鉱, 磁鉄鉱
⓲石灰石, コークス
⓳銑鉄
⓴鋼 (鋼鉄)

解　説

●製錬が開始された時期は, 銅が紀元前 3500 年ごろ, 鉄が紀元前 1500 年ごろ, アルミニウムが 1860 年ごろ。

●銅は電線や電気器具などに, また, 合金として機械材料や装飾品, 硬貨などに用いられている。

●黄銅鉱……$CuFeS_2$
　輝銅鉱……Cu_2S
　赤銅鉱……Cu_2O
　クジャク石……$CuCO_3 \cdot Cu(OH)_2$

●鉄は, 鉄鉱石が世界各地で豊富に産出するので, 最も多く利用されている。

●**地殻中の元素の存在率**
　O＞Si＞Al＞Fe＞Ca＞Na
　おっしゃる　て　か　な…覚え方

●鉄の生産量はアルミニウムの約 35 倍に達し, 人間が利用している全金属の約 90％に達する。

●鉄は加熱すると加工できるので, 器具や機械材料, 建築構造材としての用途が広い。

●赤鉄鉱……Fe_2O_3 (赤さび)
　磁鉄鉱……Fe_3O_4 (黒さび)

●溶鉱炉からは, 銑鉄のほかにスラグとよばれるセメントの原料も生成される。

| **人間生活の中の化学(2)**

A ☐ ❶ アルミニウムは銀白色で比較的 [ ] く，加工しやすい。

A ☐ ❷ アルミニウムは銅や鉄と比べて [**ア**] 伝導性はやや劣るが，[**イ**] いので，送電線などの電気材料としても多く用いられている。

A ☐ ❸ 航空機などに利用されている，アルミニウムと銅，マグネシウムなどの合金を何というか。

B ☐ ❹ アルミニウムの単体の原料となる鉱物は何か。

B ☐ ❺ ❹から取り出した純粋な酸化アルミニウムを何というか。

B ☐ ❻ アルミニウムは酸素との結合が強いので，融解させた❺を電気分解してアルミニウムの単体を得る。この方法を何というか。

C ☐ ❼ ケイ砂や粘土などの天然の無機物を高温で処理して得られる非金属材料を何というか。

C ☐ ❽ 高度に精製した原料（Al_2O_3，ZrO_2，Si_3N_4，SiCなど）から精密な反応条件で焼き固めたものを何というか。

C ☐ ❾ ガラスの主原料には [**ア**]（主成分は [**イ**]）が用いられる。

C ☐ ❿ ❾と炭酸ナトリウム，石灰石を混合し，加熱融解して得られる，よく使われるガラスを何というか。

C ☐ ⓫ 高純度の二酸化ケイ素を高温で融解後，冷やしてできるガラスは，光ファイバーに利用されている。このガラスを何というか。

C ☐ ⓬ 二酸化ケイ素から得られたケイ酸を加熱脱水して生じた，乾燥剤や吸着剤に使われる無定形の固体を何というか。

解　答	解　説

解　答

❶軟らか

❷ア：電気　イ：軽

❸ジュラルミン

❹ボーキサイト
❺アルミナ

❻溶融塩電解
　（融解塩電解）

❼セラミックス

❽ファインセラミック
　ス

❾ア：ケイ砂
　イ：二酸化ケイ素
❿ソーダ石灰ガラス

⓫石英ガラス

⓬シリカゲル

解　説

● アルミニウムは鉄に次いで多く使用されている金属である。

● アルミニウムは銀白色で比較的軟らかく加工しやすい。

● アルミニウムの電気伝導性は銅の約$\frac{1}{2}$だが，密度は約$\frac{1}{3}$である。

● ボーキサイトからアルミ缶を3個作るエネルギーで，リサイクルしたアルミ缶を約100個作ることができる。

● ファインセラミックスは，優れた電気的，光学的，機械的性質などを示すため，エレクトロニクスや医療分野などに利用されている。

● **合金の覚え方**
　ステンレス鋼
　鉄 は 苦労人……Fe，Cr，Ni
　ジュラルミン
　歩く マグ マ
　……Al，Cu，Mg，Mn
　銅の合金
　青 春のキ ズは白 紙に
　……青銅 Sn，黄銅 Zn，白銅 Ni

A☑❶ プラスチックは，おもに［　］を原料として人工的につくられた物質である。

A☑❷ プラスチックは，ガラスに比べて［ア］く，割れ［イ］。また，金属のように［ウ］こともない。さらに，電気［エ］に優れ，加工しやすい。

C☑❸ 熱を加えると軟らかくなるプラスチックを何というか。

C☑❹ 熱を加えても軟らかくならないプラスチックを何というか。

B☑❺ ナイロンや PET は ❸ と ❹ のどちらか。

B☑❻ フェノール樹脂（じゅし）や尿素樹脂（にょうそ）は ❸ と ❹ のどちらか。

C☑❼ 袋などに用いられる PE の略号（りゃくごう）のプラスチックは何か。

C☑❽ カップ麺（めん）などの容器に用いられる PS の略号のプラスチックは何か。

C☑❾ 本のコーティングなどに用いられる PP の略号のプラスチックは何か。

C☑❿ 飲料容器などに用いられる PET の略号のプラスチックは何か。

C☑⓫ 消しゴムなどに用いられる PVC の略号のプラスチックは何か。

C☑⓬ メガネのレンズなどに用いられる PMMA の略号のプラスチックは何か。

C☑⓭ 木材などの天然繊維（せんい）を化学的に処理して得られた，「光（ray）のように美しく輝く糸」という意味の繊維は何か。

C☑⓮ 石油を原料として得られる，ヘキサメチレンジアミンとアジピン酸の重合（じゅうごう）により生じた，絹（きぬ）に似た光沢をもつ，強度の高い繊維を何というか。

解　答

❶石油

❷ア：軟らか

　イ：にくい

　ウ：さびる

　エ：絶縁性

❸熱可塑性樹脂

❹熱硬化性樹脂

❺③

❻④

❼ポリエチレン

❽ポリスチレン

❾ポリプロピレン

❿ポリエチレンテレフ
　タラート

⓫ポリ塩化ビニル
　（Polyvinyl chloride）

⓬ポリメタクリル酸メ
　チル
　（Polymethyl meth-
　acrylate）

⓭レーヨン
　（Rayon）

⓮ナイロン
　（Nylon）

解　説

● 熱や圧力を加えることにより形が
変わる性質をもつ高分子材料をプ
ラスチックまたは合成樹脂という。

● 熱可塑性樹脂は，合成繊維と同様
に線状構造をもつ高分子化合物か
らなる。加熱すると軟らかくなり，
さまざまな形に成形できる。

● 熱硬化性樹脂は，立体網目状構造
の高分子化合物で，熱しても軟ら
かくならない。

● PET はエステル結合（-CO-O-）
で単量体が重合したポリエステル
系繊維，ナイロンはアミド結合
（-CO-NH-）で単量体が重合した
ポリアミド系繊維である。

● ナイロンは「石炭と空気と水から
つくられた，クモの糸より細く鋼
鉄よりも強い繊維」というキャッ
チフレーズで発表された。

● ナイロンには絹に近い感触があり，
吸水性には乏しいが耐摩耗性や耐
薬品性に優れ，じょうぶで軽く，
弾力性があり，しわになりにくい。

● ナイロン 66 は，1935 年，カロ
ザース（米）によって発明された，
世界初の合成繊維である。

A☐ **①** 植物の生育に必要な3つの元素（肥料の三要素）を答えよ。

C☐ **②** 堆肥や動物の排出物など，動植物の有効成分をそのまま利用する肥料を何というか。

C☐ **③** 化学的に合成または処理した肥料を何というか。

C☐ **④** 農業に使う殺虫剤や除草剤を何というか。

B☐ **⑤** 微生物の作用により有機化合物が分解され，アルコールや二酸化炭素などを生じることを何というか。

C☐ **⑥** 食品の製造や加工，保存などの場合に添加する物質を何というか。

C☐ **⑦** 空気中の酸素によって品質が低下することを防ぐアスコルビン酸（ビタミンC）のような物質を何というか。

A☐ **⑧** 動植物の油に植物の灰から得られるアルカリを混ぜてつくった洗剤を何というか。

B☐ **⑨** **⑧**の水溶液は何性を示すか。

B☐ **⑩** **⑧**の洗浄作用は，油になじみやすい[**a・b**]側が油をとり囲み，水になじみやすい[**a・b**]側を

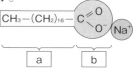

外側にして水中に散らばらせることにより，油汚れを落とす。

B☐ **⑪** カルシウムイオン Ca^{2+} やマグネシウムイオン Mg^{2+} などを多く含む水を何というか。

B☐ **⑫** セッケンは，**⑪**中では水に溶けにくい塩が生じ，洗浄力が低下するので，**⑪**中でも使える洗剤が石油を原料としてつくられた。この洗剤を何というか。

B☐ **⑬** **⑫**の水溶液は何性を示すか。

解　答	解　説
❶窒素 N, リン P, カリウム K	●食品を保存するには，腐敗を防ぐために，乾燥させたり，塩分を加えたり，空気を遮断させたりして微生物の繁殖を防ぐ。
❷天然肥料	
❸化学肥料	●食品添加物は，食品の保存だけでなく，品質を高めるためにも使われている。
❹農薬	
❺発酵	
❻食品添加物	●セッケンは弱酸と強塩基からなる塩なので，水に溶かすと加水分解により弱塩基性を示す。➡ ✓44
❼酸化防止剤	●セッケンは羊毛や絹などアルカリに弱い動物性繊維の洗濯には使えない。
❽セッケン	
❾塩基性（アルカリ性）	●水の表面張力は非常に大きいので，繊維のすき間にしみこみにくい。セッケンには，この表面張力を減少させるはたらきがある（界面活性剤）。
❿ a, b	
	●aの部分は油になじみやすく疎水基，bの部分は水になじみやすく親水基という。
⓫硬水	
⓬合成洗剤（中性洗剤）	●セッケン分子が，右図のように油汚れを包み込み水中に分散する。 ミセル
⓭中性	

純物質と混合物(1)

A☐ ❶ 1種類の物質からなり，融点や沸点が決まっているなど，固有の性質を示す物質を何というか。

A☐ ❷ 2種類以上の物質が混じり合って存在している物質を何というか。

A☐ ❸ ❷ から ❶ を取り出す操作を物質の [ア] といい，少量の不純物を取り除き，より高純度の物質を得る操作を物質の [イ] という。

A☐ ❹ 水，空気，ドライアイス，塩酸，ガソリン，青銅，硫酸，炭酸ナトリウム十水和物のうち，❶ はどれか。

A☐ ❺ 海水から純粋な水だけを取り出す図のような装置を用いた操作を何というか。

温度計　a　[ア]　[イ]　b

B☐ ❻ 図の中の器具 [ア] と [イ] の名称を答えよ。

B☐ ❼ 図の実験装置で不適切な部分が二つある。どこをどう直せばよいか，答えよ。

B☐ ❽ 図の実験を行うとき，枝付きフラスコに沸騰石を入れる理由を答えよ。

B☐ ❾ 図の実験を行うとき，枝付きフラスコの中に入れる液体の液量をどのくらいにすればよいか。

B☐ ❿ 図の実験を行うとき，[ア] に流す水の向きは a→b，b→a のどちらが正しいか。

B☐ ⓫ ❺ のうち，2種類以上の液体の混合物を沸点の違いを利用して分離する操作を特に何というか。

❶純物質

❷混合物

❸ア：分離
　イ：精製

❹氷 H_2O，ドライアイ
ス CO_2，硫酸，炭酸
ナトリウム十水和物
❺蒸留

❻ア：リービッヒ冷却
　　器
　イ：アダプター
❼● 温度計先端の球部
　　をフラスコの枝の
　　付け根の位置にす
　　る
　● 三角フラスコを密
　　栓しない
❽突沸を防ぐため

❾半分 $\left(\dfrac{1}{2}\right)$ 以下

❿b → a
⓫分留

● 純物質は，融点や沸点，色，にお
　い，密度，水に対する溶解性など，
　それぞれ固有の性質を示す。

● 混合物は，混じり合っている物質
　の種類とその割合によって，融点
　や沸点などの性質が変わる。

● 空気は窒素と酸素など，塩酸は水
　と塩化水素，ガソリンは複数の炭
　化水素，青銅は合金で銅とスズか
　らなる混合物である。

● 炭酸ナトリウム十水和物
　$Na_2CO_3 \cdot 10H_2O$ の「$10H_2O$」の
　ように，結晶中にある一定の割合
　で結合している水分子を水和水
　（結晶水）という。よって，これ
　は化合物である。

● 沸点の違いを利用した分離法を蒸
　留という。

● 三角フラスコをゴム栓などで密栓
　すると，装置内の圧力が高まり危
　険なので，アルミホイルなどをか
　ぶせてほこりを防ぐ程度にする。

● 分留によって石油を精製したり，
　液体空気から窒素や酸素が取り出
　されたりしている。

A☐❶ 砂を含む海水から海水だけ
を分離する図1のような操
作を何というか。

混合物
ろ紙
ろうと
ろ液
ろうと台
図1

C☐❷ 図1の操作において，注意
する点を三つ答えよ。

A☐❸ コーヒー豆にお湯を注い
で，味と香りの成分だけを取
り出す操作を何というか。

B☐❹ 図2は，❸の操作をヨウ
素溶液に対して行い，ヨウ素
を分離したようすである。こ
のとき用いたガラス器具を
何というか。

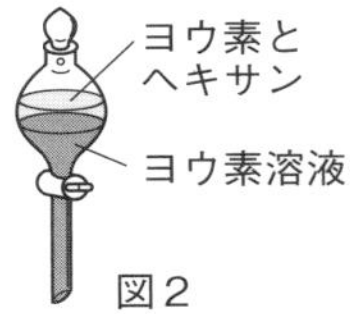

ヨウ素と
ヘキサン
ヨウ素溶液
図2

A☐❺ 食塩を含むヨウ素からヨウ
素だけを取り出す図3のよ
うな操作を何というか。

冷水
昇華した
ヨウ素
ヨウ素と
食塩
砂浴
図3

A☐❻ 少量の食塩を含む硝酸カ
リウムをお湯に溶かしたあ
と冷却し，純粋な硝酸カリウ
ムだけを取り出す図4の操
作を何というか。

冷却
高温の
水溶液
低温の
水溶液と結晶
図4

B☐❼ 水性サインペンでろ紙に点
をうち，ろ紙の先端を水にひ
たして色素を分離する図5の
操作を何というか。

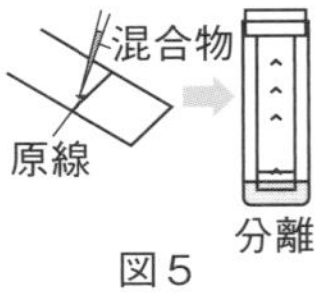

混合物
原線
分離
図5

解　答

❶ろ過

❷・ろうとの先をビー
　カーの内壁につけ
　る
　・ガラス棒を伝わら
　せて静かに注ぐ
　・ろ紙を溶媒でぬら
　してろうとに密着
　させる

❸抽出

❹分液漏斗

❺昇華法

❻再結晶

❼（ペーパー）クロマト
　グラフィー

解　説

● 液体と不溶性の固体の混合物を，
ろ紙などを用いて分離する操作を
ろ過という。

● 溶媒を用いて，混合物から特定の
物質を溶かし出す操作を抽出とい
う。

● ヨウ素は水には溶けにくいが，ヨ
ウ化カリウム水溶液には溶ける
（ヨウ素溶液）。これにヘキサンを
加えて振ると，ヨウ素はより溶け
やすいヘキサンの層に移動し，ヨ
ウ化カリウムと分離することがで
きる。

● 固体から直接気体になりやすい物
質を含む混合物を加熱し，気体を
冷却して結晶を分離する操作を昇
華法という。

● 温度による溶解度の差を利用した
分離法を再結晶という。

● 物質への吸着力の違いから，吸着
剤中での移動速度が異なることを
利用して分離する操作をクロマト
グラフィーという。

実験に使う器具や
操作を覚えよう。

A☐❶　物質を構成する 100 種類程度の基本的な成分を何というか。

A☐❷　❶を表すアルファベットを用いた記号を何というか。

A☐❸　1 種類の❶だけからできている純物質を何というか。

A☐❹　2 種類以上の❶が，つねに一定の割合で結びついてできている純物質を何というか。

• 次の文中の下線部は，元素と単体のどちらの意味で用いられているか。

B☐❺　骨や歯には<u>カルシウム</u>が含まれている。

B☐❻　空気は<u>酸素</u>や<u>窒素</u>などの混合物である。

B☐❼　水は<u>水素</u>と<u>酸素</u>からできている。

B☐❽　<u>鉄</u>は鉄鉱石を原料としてつくられる。

B☐❾　亜鉛を希塩酸に加えると<u>水素</u>が発生する。

A☐❿　銅，二酸化炭素，水素，アンモニアを単体と化合物に分類せよ。

A☐⓫　硫黄，水，ダイヤモンド，硫酸を単体と化合物に分類せよ。

A☐⓬　同素体とは，同じ [ア] からなる [イ] どうしで，性質が異なるものをいう。

A☐⓭　同素体が存在する元素のうち，代表的な 4 つの元素の名称と元素記号を答えよ。

A☐⓮　物質を高温の炎の中で熱したとき，炎が呈色する反応を何というか。

解　答

❶ 元素

❷ 元素記号

❸ 単体

❹ 化合物

❺ 元素
❻ 単体
❼ 元素
❽ 単体
❾ 単体

❿ 単体：銅 Cu，水素 H_2
　化合物：二酸化炭素
　　CO_2，アンモニア NH_3
⓫ 単体：硫黄 S
　　　　ダイヤモンド C
　化合物：水 H_2O
　　　　硫酸 H_2SO_4
⓬ ア：元素　**イ**：単体
⓭ 硫黄 S，炭素 C，
　酸素 O，リン P
⓮ 炎色反応

解　説

● 1種類の元素記号で表せるものが単体，2種類以上で表せるものが化合物である。

● 化合物は元素が一定の割合で結合しており，混合物は純物質が任意の割合で混じっている。

●「元素」は，物質中に原子やイオンで含まれている場合に使われる。「〜という成分」をつけて意味が通じるときは「元素」である。

●「単体」は，その具体的な性質が見られるときに使われる。

● 骨や歯には，リン酸カルシウム $Ca_3(PO_4)_2$ が多く含まれる。

● 空気は窒素 N_2 が約 78%，酸素 O_2 が約 21%含まれている。

● 水は水素原子と酸素原子が共有結合で結びついてできている。

● 鉄鉱石は，赤鉄鉱とよばれる Fe_2O_3 と，磁鉄鉱とよばれる Fe_3O_4 を主成分とした鉱物がある。

● ❾ の水素は，火を近づけるとポンという音を発生して燃える。

● 同素体が存在する元素は，スコップ（SCOP）で覚えよう！

● 同素体について，次の問いに答えよ。

A□❶　硫黄 S の同素体には，黄色結晶の [ア] 硫黄 (塊状) や [イ] 硫黄 (針状)，ゴム状硫黄がある。

A□❷　炭素 C の同素体には，透明で非常に硬い [ア] や鉛筆の芯などに用いる [イ]，60 個の炭素原子が球状に結合した [ウ] がある。

A□❸　酸素 O の同素体には，呼吸に必要な [ア] や太陽からの紫外線を防いでくれる [イ] がある。

A□❹　リン P の同素体には，自然発火しやすい [ア] やマッチの側薬に使われる [イ] がある。

● 炎色反応について，次の問いに答えよ。

C□❺　炎色反応とは，きれいな [ア] に試料を少量つけてバーナーの [イ] の中に入れると炎が着色する現象をいう。

A□❻　次の元素の炎色反応の色を答えよ。

リチウム Li [ア]，ナトリウム Na [イ]，

カリウム K [ウ]，銅 Cu [エ]，バリウム Ba [オ]，

カルシウム Ca [カ]，ストロンチウム Sr [キ]

● 元素の検出について，次の問いに答えよ。

B□❼　食塩水に硝酸銀水溶液を加えると [ア] 色の沈殿が生じた。これより，食塩には [イ] という元素が含まれることがわかる。

$$Ag^+ + [ウ] \longrightarrow [エ] \downarrow$$

B□❽　大理石に塩酸を注いで発生させた気体 [ア] を石灰水に通じると [イ] 色の沈殿が生じた。これより，大理石には [ウ] という元素が含まれることがわかる。

$$CaCO_3 + 2HCl \longrightarrow CaCl_2 + H_2O + [エ]$$
$$[エ] + Ca(OH)_2 \longrightarrow [オ] \downarrow + H_2O$$

❶ア：斜方　イ：単斜

❷ア：ダイヤモンド
　イ：黒鉛
　ウ：フラーレン

❸ア：酸素（O_2）
　イ：オゾン（O_3）

❹ア：黄リン
　イ：赤リン

❺ア：白金線
　イ：外炎

❻ア：赤色
　イ：黄色
　ウ：赤紫色
　エ：青緑色
　オ：黄緑色
　カ：橙赤色
　キ：紅色

❼ア：白
　イ：塩素
　ウ：Cl^-
　エ：AgCl

❽ア：二酸化炭素
　イ：白
　ウ：炭素
　エ：CO_2
　オ：$CaCO_3$

● 斜方硫黄と単斜硫黄
は、結晶中の硫黄分子
S_8（右図）の配列の違
いによって生じる。95℃以下で
は斜方硫黄が、95℃以上では単
斜硫黄が安定。

● 炭素の同素体
　ダイヤモンド　　　　黒鉛

フラーレン（C_{60}）

● 炎色反応の覚え方
　リアカー　なき　　K村
　Li（赤）　Na（黄）　K（赤紫）
　動力に　馬力（ばりょく）を
　Cu（青緑）　Ba（黄緑）
　借りようと
　Ca　　　　　（橙赤）
　するも（貸して）くれない
　Sr　　　　　　　　（紅）

● 炎色反応は、花火などに利用され
ている。

● 食塩水……NaCl 水溶液
　塩　酸……HCl 水溶液
　石灰水……$Ca(OH)_2$ 水溶液
　大理石……主成分が $CaCO_3$

B☐**❶** 固体・液体・気体の三つの状態を物質の〔　〕という。

B☐**❷** 物質を高温にすると構成粒子の〔**ア**〕が活発になり，粒子間の引力が切断されて〔**イ**〕が起こる。

A☐**❸** 物質の状態変化を表す右の図の〔**ア**〕〜〔**カ**〕に当てはまる語句を答えよ。

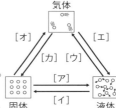

気体

〔オ〕　　〔エ〕

〔カ〕〔ウ〕

〔ア〕

〔イ〕

固体　　　液体

A☐**❹** 〔**ア**〕，〔**イ**〕，〔**ウ**〕が起こる温度をそれぞれ何というか。

B☐**❺** タンスの中の防虫剤が自然になくなるときの変化は何か。

B☐**❻** 真冬に水道管が破裂したときの変化は何か。

B☐**❼** 真夏にチョコレートが融けたときの変化は何か。

B☐**❽** 真冬に窓ガラスがくもったときの変化は何か。

C☐**❾** 水が蒸発して水蒸気になるように，物質そのものは変化せずに状態だけが変わる変化を何というか。

C☐**❿** 水を電気分解すると水素と酸素になるように，もとの物質とは異なる性質をもつ物質が生じる変化を何というか。

C☐**⓫** ドライアイスがなくなった。この変化は，**❾**と**❿**の変化のどちらか。用語で答えよ。

C☐**⓬** ろうそくが燃えた。この変化は，**❾**と**❿**の変化のどちらか。用語で答えよ。

B☐**⓭** T_1，T_2 の温度をそれぞれ何というか。

B☐**⓮** a〜eは，それぞれどのような状態か。

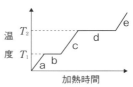

氷を熱したときの温度変化

解 答

❶三態

❷ア：熱運動
　イ：状態変化

❸ア：融解　イ：凝固
　ウ：蒸発　エ：凝縮
　オ：昇華　カ：凝華
❹ア：融点
　イ：凝固点
　ウ：沸点

❺昇華
❻凝固
❼融解
❽凝縮
❾物理変化

❿化学変化

⓫物理変化
⓬化学変化
⓭ T_1：融点
　 T_2：沸点
⓮a：固体
　b：固液共存
　c：液体
　d：気液共存
　e：気体

解 説

●同じ温度でも，すべての粒子が同じ速さで運動してはいないが，高温ほど速さの平均値は大きくなる。

● 気　体
分子間の距離が長く，分子間力はほとんどはたらかない。分子は熱運動によって飛び回っている。

● 液　体
分子間の距離が短く，分子間力がはたらく。分子は，熱運動によりその位置を自由に変えられるので流動性がある。

● 固　体
分子間の距離が短く，分子間力がはたらく。分子は熱運動をしているが，分子の位置は固定され，その位置を中心に振動している。

●固体が液体に変化するときや液体が気体に変化するとき，加えられた熱は状態変化に使われるため，温度は変わらない。

● 高温水蒸気を発生させる装置

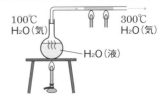

A□ ❶　物質を構成する基本的粒子を何というか。

A□ ❷　その物質としての化学的性質を示す最小の粒子を
何というか。

A□ ❸　原子の中心にある粒子(a)を何と
いうか。

He 原子

A□ ❹　(a)のまわりに存在する負の電荷
をもった粒子(b)を何というか。

A□ ❺　(a)を構成する正の電荷をもった粒子を何というか。

A□ ❻　(a)を構成する電荷をもたない粒子を何というか。

B□ ❼　原子の直径は約何 m であるか。

C□ ❽　原子核の直径は原子の約何分の 1 であるか。

C□ ❾　陽子 1 個のもつ正の電荷は 1.602×10^{-19} C で,
これは電気量の最小単位である。これを何というか。

C□ ❿　陽子 1 個と電子 1 個がもつ［ア］は等しいが,
［イ］は異なる。

A□ ⓫　原子に含まれる電子の数は［ア］の数と等しく,
原子全体は電気的に［イ］である。

B□ ⓬　電子の質量は, 陽子や中性子の質量の約何分の 1
であるか。

A□ ⓭　原子核中の陽子の数を何というか。

A□ ⓮　原子核中の陽子と中性子の数の和を何というか。

A□ ⓯　上の He 原子の図を元素記号で表す
と, 右の［ア］,［イ］の数はそれぞれ
いくつか。

［ア］

He

［イ］

解　答

❶原子
❷分子

❸原子核

❹電子

❺陽子
❻中性子
❼約 10^{-10} m

❽約 $\dfrac{1}{10^5} \sim \dfrac{1}{10^4}$

❾電気素量
❿ア：電荷の絶対値
　イ：符号
⓫ア：陽子
　イ：中性

⓬約 $\dfrac{1}{1840}$

⓭原子番号
⓮質量数
⓯ア：4
　イ：2

解　説

● 原子は直径約 10^{-10} m，原子核は直径約 $10^{-15} \sim 10^{-14}$ m である。

● 原子を東京ドームの大きさ（直径200m）と仮定すると，原子核の直径はビーズ玉の大きさ（直径2mm）とほぼ同じ大きさに相当する。

● 電子の数は質量数に含まれない。

● 原子に含まれる陽子の数と電子の数は等しく，原子は電気的に中性である。

● 電子の質量は 9.11×10^{-28} g で，陽子の約 $\dfrac{1}{1840}$ になる。したがって，原子の質量は原子核の質量にほぼ等しい。

● 原子核中の陽子の数は，元素の種類によってすべて異なる。これを原子の原子番号という。

● 陽子の質量は 1.673×10^{-24} g，中性子の質量は 1.675×10^{-24} g で，ほぼ等しい。

原子は英語で
atom だよ！

A▢ ❶ ［**ア**］は同じでも［**イ**］が異なる原子を同位体という。

B▢ ❷ 次の同位体を元素記号で表し，名称を答えよ。

［ア］　　　　　　　［イ］　　　　　　　［ウ］

B▢ ❸ 同位体どうしの［　　］的性質はほぼ同じである。

B▢ ❹ 同位体のうち，原子核が放射線を放出して他の原子に変化するものを何というか。

B▢ ❺ ❹のように放射線を放出する性質を何というか。

C▢ ❻ $^{226}_{88}Ra \longrightarrow {}^{222}_{86}Rn + {}^{4}_{2}He$ のように，原子核が変化して生じた $^{4}_{2}He$ の原子核の流れを何線というか。

C▢ ❼ $^{14}_{6}C \longrightarrow {}^{14}_{7}N + e^{-}$ のように，原子核が変化して生じた電子 e^{-} の流れを何線というか。

C▢ ❽ 光やX線のような電磁波の一種を何線というか。

C▢ ❾ 重水素 ^{2}H と酸素原子 O からできた水を何というか。

C▢ ❿ ❹が壊れて量が半分になる時間を何というか。

C▢ ⓫ ある植物の化石の ^{14}C の濃度を測定したところ，現在の 6.25 % であった。^{14}C の半減期を 5730 年とすると，何年前に枯死したと考えられるか。

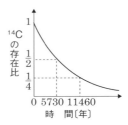

解 答

❶ア：原子番号
　　　（陽子数）
　イ：質量数
　　　（中性子数）
❷ア：${}_1^1\text{H}$ （軽）水素
　イ：${}_1^2\text{H}$ 重水素
　ウ：${}_1^3\text{H}$ 三重水素
❸化学
❹放射性同位体

❺放射能
❻ α 線

❼ β 線

❽ γ 線
❾重水

❿半減期
⓫ 22920 年前

解 説

- 宇宙からの放射線（宇宙線）により，大気中の ${}^{14}\text{N}$ から ${}^{14}\text{C}$ が生じる。${}^{14}\text{C}$ の存在する割合は，年代によらずほぼ一定に保たれている。

- 重水素はジュウテリウム（D），三重水素はトリチウム（T）ともよばれる。

- 大気中で生じた ${}^{14}\text{C}$ は CO_2 の形で大気中に広がり，光合成によって植物に取り込まれ，さらに動物の体内に取り込まれ，大気と同じ割合の ${}^{14}\text{C}$ が存在する。

- 動植物が死ぬと外界からの ${}^{14}\text{C}$ の吸収が途絶え，体内の ${}^{14}\text{C}$ は一定の割合で減り続ける。その半減期は物質ごとに一定で，遺体に残る ${}^{14}\text{C}$ の割合を調べれば，その動植物が死んだ年代を推測できる。

- **⓫**：$6.25\% = \dfrac{1}{16} = \left(\dfrac{1}{2}\right)^4$ より，半減期が 4 回繰り返された年月が経過した。よって，経過年数は，
  $5730 \times 4 = 22920$ 年

- 放射性同位体は，年代測定，生体内や化学反応での分子の動きの解明（トレーサー法），ガンの治療，品種改良，殺菌などに利用されている。

A□❶　原子核のまわりにある，電子の入るいくつかの層を何というか。

A□❷　❶は，内側から，[ア]殻，[イ]殻，[ウ]殻とよばれる。

Na 原子の電子配置
K(2)L(8)M(1)

B□❸　内側から n 番目の電子殻には，最大で[　]個の電子を収容できる。

B□❹　電子殻が収容できる電子の最大数を，内側から 4 番目まで答えよ。

A□❺　炭素 $_6C$ の電子配置を，図の Na にならって答えよ。

A□❻　硫黄 $_{16}S$ の電子配置を，図の Na にならって答えよ。

A□❼　原子中で，最も外側の電子殻にある電子を何というか。

A□❽　❼のうち，原子がイオンになったり，原子どうしが結合するときに重要なはたらきをする電子を何というか。

B□❾　最外殻に最大数の電子が収容された状態を何というか。

B□❿　安定な電子配置は❾のときと，最外殻に何個の電子があるときか。

A□⓫　安定な電子配置をとる元素群を何というか。

B□⓬　最外殻電子の数は[ア]～[イ]個の間の数になる。

B□⓭　価電子の数は[ア]～[イ]個の間の数になる。

A□⓮　⓫の最外殻電子の数は，He は[ア]個で，それ以外は[イ]個である。また，価電子の数は[ウ]個である。

解 答

❶電子殻

❷ア：K　イ：L
　ウ：M

❸ $2n^2$

❹ 2, 8, 18, 32

❺ K(2)L(4)

❻ K(2)L(8)M(6)

❼最外殻電子

❽価電子

❾閉殻（へいかく）

❿ 8

⓫貴ガス（元素）

⓬ア：1　イ：8

⓭ア：0　イ：7

⓮ア：2
　イ：8
　ウ：0

解 説

● ボーアは 1913 年に，「電子は原子核をとりまく同心円状の軌道に分かれて存在している」という考えを提案した。

● 原子中の電子は，内側の電子殻にあるほど原子核に強く引きつけられて安定な状態にあるので，電子は原則として原子核に近い K 殻から順に入っていく。

● 価電子は，元素の化学的性質に深い関係があり，同じ数の原子どうしはよく似た性質を示す。

● 各電子殻への電子の配列のしかたを電子配置という。

● 原子番号 20 番までの周期表を下に示す。縦の K 〜 N は最外殻を，横の 1〜8 は最外殻電子数を表す。ただし，He の最外殻電子数は 2。

	1	2	3	4	5	6	7	8
K	H							He
L	Li	Be	B	C	N	O	F	Ne
M	Na	Mg	Al	Si	P	S	Cl	Ar
N	K	Ca						

覚え方➡ ✍15

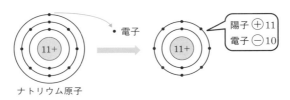

ナトリウム原子

A☑❶ ナトリウム原子が1個の電子を失って生じたイオンは，正の電荷をもつ1価の〔　〕イオンになる。

A☑❷ ❶で生じたイオンと同じ電子配置の元素を答えよ。

A☑❸ ❶で生じたイオンの名称とイオン式を答えよ。

A☑❹ ❶で生じたイオンの大きさは，もとの原子より〔　〕。

B☑❺ 陽イオンになりやすい原子を〔　〕性という。

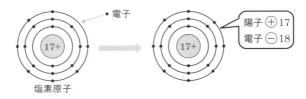

塩素原子

A☑❻ 塩素原子が1個の電子を得て生じたイオンは，負の電荷をもつ1価の〔　〕イオンになる。

A☑❼ ❻で生じたイオンと同じ電子配置の元素を答えよ。

A☑❽ ❻で生じたイオンの名称とイオン式を答えよ。

A☑❾ ❻で生じたイオンの大きさは，もとの原子より〔　〕。

B☑❿ 陰イオンになりやすい原子を〔　〕性という。

解　答

❶陽

❷ネオン Ne

❸ナトリウムイオン
　Na⁺

❹小さい

❺陽

❻陰

❼アルゴン Ar

❽塩化物イオン Cl⁻

❾大きい

❿陰

解　説

● 原子や原子団が失った，または得た電子の数を価数という。

● 原子がイオンになると，最も近い貴ガス元素と同じ電子配置になる。

● イオンは，元素記号の右上に電荷の符号と価数（1は省略）をつけたイオン式で表される。

● 同じ元素で価数が異なるイオンの名称は，ローマ数字（Ⅰ，Ⅱ，……）で価数を表す。

● 陽イオンは，電子殻が1つ減るので，もとの原子より小さくなる。陰イオンは，最外殻中の電子が増え，電子どうしの反発により，もとの原子より大きくなる。

● **代表的な陽イオン**

価数	陽イオン	イオン式
1	水素イオン ナトリウムイオン カリウムイオン 銀イオン アンモニウムイオン	H^+ Na^+ K^+ Ag^+ NH_4^+
2	マグネシウムイオン カルシウムイオン バリウムイオン 亜鉛イオン 鉛（Ⅱ）イオン 銅（Ⅱ）イオン 鉄（Ⅱ）イオン	Mg^{2+} Ca^{2+} Ba^{2+} Zn^{2+} Pb^{2+} Cu^{2+} Fe^{2+}
3	アルミニウムイオン 鉄（Ⅲ）イオン	Al^{3+} Fe^{3+}

A☐ ❶ 原子から電子1個を取り去って1価の陽イオンにするのに必要なエネルギーを何というか。

C☐ ❷ 1価の陽イオンから電子1個を取り去って2価の陽イオンにするのに必要なエネルギーを何というか。

B☐ ❸ 一般に，陽イオンになりやすいのは，❶ が大きい原子と小さい原子のどちらか。

A☐ ❹ 原子が電子1個を受け取って1価の陰イオンになるときに放出されるエネルギーを何というか。

B☐ ❺ 一般に，陰イオンになりやすいのは，❹ が大きい原子と小さい原子のどちらか。

B☐ ❻ アルカリ金属 Li, Na, K のイオン化エネルギーは ｛大きい・小さい｝。

B☐ ❼ 貴ガス He, Ne, Ar のイオン化エネルギーは ｛大きい・小さい｝。

B☐ ❽ ハロゲン F, Cl, Br, I の電子親和力は ｛大きい・小さい｝。

B☐ ❾ 貴ガス He, Ne, Ar の電子親和力は ｛大きい・小さい｝。

A☐ ❿ 塩化ナトリウムや塩化水素のように，物質がイオンに分かれる現象を何というか。

A☐ ⓫ 塩化ナトリウムや塩化水素のように，水に溶けて電離する物質を何というか。

A☐ ⓬ スクロース（ショ糖）やエタノールなどのように，水に溶けても電離しない物質を何というか。

解 答

❶（第一）イオン化エネ
ルギー

❷第二イオン化エネル
ギー

❸小さい原子

❹電子親和力
（でん し しん わ りょく）

❺大きい原子

❻小さい

❼大きい

❽大きい

❾小さい

❿電離

⓫電解質

⓬非電解質

解 説

● 代表的な陰イオン

価数	陰イオン	イオン式
1	塩化物イオン 臭化物イオン ヨウ化物イオン 水酸化物イオン 硝酸イオン 炭酸水素イオン 硫酸水素イオン 酢酸イオン	Cl^- Br^- I^- OH^- NO_3^- HCO_3^- HSO_4^- CH_3COO^-
2	酸化物イオン 硫化物イオン 炭酸イオン 硫酸イオン	O^{2-} S^{2-} CO_3^{2-} SO_4^{2-}
3	リン酸イオン	PO_4^{3-}

陰イオンの名称は「〜化物イオ
ン」「〜酸イオン」になる。

● アルカリ金属は，1価の陽イオン
になりやすい原子なので，イオン
化エネルギーは小さく，電子親和
力も小さい。

● ハロゲンは，1価の陰イオンにな
りやすい原子なので，イオン化エ
ネルギーは大きく，電子親和力も
大きい。

● 貴ガスは，1価の陽イオンにも陰
イオンにもなりにくい原子なので，
イオン化エネルギーは大きく，電
子親和力は小さい。

A☑❶ 元素の周期表は，元素を何の順番に並べた表か。

A☑❷ ❶の順番で元素を並べると，原子やイオンの大きさ，単体や化合物の融点や沸点などの性質が，規則的に現れる。この規則性を何というか。

B☑❸ 元素の周期表を発明したのはだれか。

B☑❹ ❸が発明した当初の周期表は，何の順番に並んでいたか。

B☑❺ 元素の周期表において，縦の列を何というか。

B☑❻ 元素の周期表において，横の行を何というか。

B☑❼ 元素の周期表において，同じ縦の列に属する元素を何というか。

A☑❽ 次の周期表中で典型元素は A ～ H のうちのどれか。

A☑❾ 遷移元素はどれか。

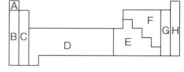

A☑❿ 非金属元素はどれか。

A☑⓫ 金属元素はどれか。

A☑⓬ アルカリ金属元素はどれか。

A☑⓭ アルカリ土類金属元素はどれか。

A☑⓮ ハロゲン元素はどれか。

A☑⓯ 貴ガス元素はどれか。

B☑⓰ 典型元素の［　］の数は，原則的に族番号の一の位の数に一致する。

B☑⓱ ⓰の規則に従わない，ただ一つの元素を答えよ。

解　答

❶原子番号
❷（元素の）周期律

❸メンデレーエフ
❹原子量

❺族
❻周期
❼同族元素

❽A，B，C，E，F，G，H（D 以外）
❾D

❿A，F，G，H

⓫B，C，D，E
⓬B
⓭C
⓮G
⓯H
⓰最外殻電子

⓱ヘリウム

解　説

● 元素の周期律にもとづいて，元素を原子番号順に並べ，元素の似た性質を縦に配列した表を元素の周期表という。

● 元素の周期表は，ロシアのメンデレーエフが 1869 年に元素を原子量順に並べた表として発表した。

● 同族元素は，価電子数が同じで，性質もよく似ている。

● 原子番号 20 番までの覚え方

H							He
Li	Be	B	C	N	O	F	Ne
Na	Mg	Al	Si	P	S	Cl	Ar
K	Ca						

水兵
リーベ僕の船
七曲がりシップスクラーク
クか

● ヘリウムの最外殻電子数は 2 個だが，その他の貴ガスは 8 個。ただし，価電子数は 0 なので，他の貴ガスと同じ。

スイヘーリーベー
ボクノフネ♪

B☑❶ 図1は，原子
番号と何の関係
を表しているグ
ラフか。

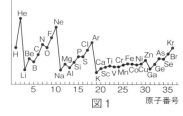

図1　原子番号

B☑❷ 図1のグラフ
の特徴について
答えよ。
- 同族元素において，原子番号が大きいほど [ア]。
- 同一周期において，原子番号が大きいほど [イ]。
- [ウ] 元素は，ほぼ同じである。

B☑❸ 図2は，原子
番号と何の関係
を表しているグ
ラフか。

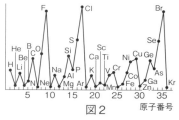

図2　原子番号

B☑❹ 図2のグラフ
の特徴について
答えよ。
- [ア] 元素が大きい。
- [イ] 元素と[ウ] 元素が小さい。

B☑❺ 図3は，原子
番号と何の関係
を表しているグ
ラフか。

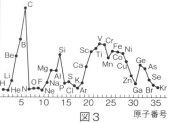

図3　原子番号

B☑❻ 図3のグラフ
の特徴について
答えよ。
- [ア] が最も
大きく，同族元素の [イ] も大きい。
- [ウ] 元素は大きい。

解答

❶ (第一) イオン化エネルギー

❷ ア：小さい
  イ：大きい
  ウ：遷移

❸ 電子親和力

❹ ア：ハロゲン
  イ：貴ガス
  ウ：2族
  （イとウは順不同）

❺ 単体の融点

❻ ア：炭素
  イ：ケイ素
  ウ：遷移

解説

● 同族元素では，原子番号が大きいほど，最外殻は原子核からの距離が遠くなるので，原子核が電子を引きつける力が弱くなる。そのため，電子を放出しやすくなり，イオン化エネルギーは小さくなる。

● 同一周期では，原子番号が大きいほど陽子の数が多くなるので，電子を引きつける力が強くなる。そのため，陽イオンになりにくくなり，イオン化エネルギーは大きくなる。

● 陰イオンになりやすいハロゲン元素は，電子親和力が大きく，陰イオンになりにくい貴ガス元素は小さい。2族元素は，最外殻電子が2個で比較的安定なので小さい。

● 炭素やケイ素の単体は共有結合の結晶なので，融点は非常に高い。（ダイヤモンド 3550℃，ケイ素 1410℃）

● 遷移元素はすべて金属元素で，結合に関与する電子が多くなるので金属結合が強く，融点は高くなる。

元素の周期性(2)

B☐**❶** 図1は，原子番号と何の関係を表しているか。

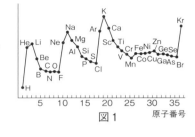

図1

B☐**❷** 図1のグラフの特徴について答えよ。
- 同族元素において，原子番号が大きいほど［ア］。
- 同一周期において，原子番号が大きいほど［イ］（ただし，［ウ］を除く）。
- ［エ］元素はほぼ同じになる。

B☐**❸** 図2は，原子番号と何の関係を表しているグラフか。

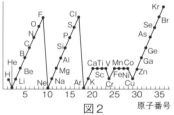

図2

B☐**❹** 図2のグラフの特徴について答えよ。
- 同族元素において［ア］。
- 同一周期において原子番号が大きいほど［イ］。
- 遷移元素において［ウ］（ただし Cr，Cu を除く）。

- どちらの半径が大きいか答えよ。
B☐**❺** 同族元素の O と S の原子半径
B☐**❻** 同一周期の Na と Cl の原子半径
B☐**❼** 同族元素の Na^+ と K^+ のイオン半径
B☐**❽** 同じ電子配置の F^- と Na^+ のイオン半径

解 答

❶原子半径

❷ア：大きい
　イ：小さい
　ウ：貴ガス
　エ：遷移

❸価電子の数

❹ア：同じ
　イ：大きい
　ウ：同じ

❺ S
❻ Na
❼ K⁺
❽ F⁻

解 説

● 最外殻が同じ原子・イオンでは，原子核が電子を引きつける力は，陽子数が多いほど大きい。

● 原子半径は，同族元素では下へいくほど大きく，同一周期では右へいくほど小さい。

● 貴ガスとそれ以外の元素では，原子半径の計測方法が異なるので，貴ガスの原子半径は規則性に従わない。

● 原子半径

　同族元素：原子番号が大きいほど電子殻が増えるので大きくなる。

　同一周期：原子番号が大きいほど原子核の正電荷が多くなり，最外殻電子を引きつける力が強くなるので小さくなる。

● 価 電 子

　同族元素：価電子数が同じなので，性質はよく似ている。

　同一周期：原子番号が1つ増えるごとに電子が1つ増えていく。

　遷移元素：価電子数は1か2。第3周期においては，CrとCuが1でそれ以外は2。

● イオン半径は，同族元素では下へいくほど大きく，同じ電子配置では原子番号が大きいほど小さい。

テーマ 18 金属結合と金属結晶

A □ **❶** 金属原子どうしは互いの価電子を共有して結びついている。この価電子のことを何というか。

A □ **❷** ❶による結合を何結合というか。

A □ **❸** ❷によってできた結晶を何というか。

A □ **❹** 金属は［ア］や［イ］の伝導性がよい。

A □ **❺** 金属は特有の［　］をもつ。

A □ **❻** 金属には，たたくと薄く広がる性質［ア］，引っぱると長くのびる性質［イ］がある。

B □ **❼** 金属結合は原子半径が［ア］ほど，また1原子あたりの自由電子の数が［イ］ほど強くなり，融点は［ウ］くなる。

B □ **❽** 一般に，典型元素の金属より遷移元素の金属のほうが融点は［ア］く，硬くて密度が［イ］い。

B □ **❾** 原子・分子・イオンなどの粒子が規則正しく並んだ固体を［ア］，その配列を［イ］，最小のくり返し構造を［ウ］という。

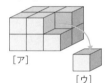

［ア］

［ウ］

C □ **❿** 立方体の各面の中心と各頂点に原子を配置した単位格子を何というか。

C □ **⓫** 立方体の中心と各頂点に原子を配置した単位格子を何というか。

C □ **⓬** 正六角柱に原子を配置した構造を何というか。

解　答

❶自由電子

❷金属結合

❸金属結晶

❹ア：電気

　イ：熱

　（アとイは順不同）

❺（金属）光沢

❻ア：展性

　イ：延性

❼ア：小さい

　イ：多い

　ウ：高

❽ア：高

　イ：大き

❾ア：結晶

　イ：結晶格子

　ウ：単位格子

❿面心立方格子

　（Cu, Ag, Al など）

⓫体心立方格子

　（Na, K, Fe など）

⓬六方最密構造

　（Be, Mg, Zn など）

解　説

● 金属は多数の原子が結合してできているので，組成式で表す。

● 金属は自由電子が存在するので，電気や熱の伝導性がよい。また，自由電子によって光を反射しやすいので，特有の金属光沢をもつ。自由電子による原子間の結合が保たれるので，展性や延性を示す。

● アルカリ金属の融点〔℃〕

　　Li ＞ Na ＞ K ＞ Rb
　（181℃）（98℃）（64℃）（39℃）

最外殻が大きくなるほど，原子核の電子を引きつける力が弱くなるので，原子番号が大きくなるほど，融点は低くなる。

● 遷移元素の金属では，内殻の電子も金属結合に関与するので，金属結合が強くなり，融点は高くなる。

● 金 1 g は，厚さが $\dfrac{1}{10000}$ mm，面積が 0.5 m² までになる。

● 金 1 g は，約 3000 m の線にすることができる。

B☐❶ 鉄は最も身近な金属の一つで，さまざまな器具や構造物に使われている。[**ア**]を還元して得られる。湿った空気中では，容易に[**イ**]を生じる。強い[**ウ**]をもち，磁石での不燃物からの回収が容易である。

B☐❷ 鉄とクロム，ニッケルの合金を何というか。

B☐❸ 銅は特有の[**ア**]みを帯びた金属である。[**イ**]などの銅鉱石を還元すると得られる。電気伝導性が[**ウ**]の次に高く，比較的安価なので，電気器具の配線や部品などに使われている。

B☐❹ 銅と亜鉛との合金を[**ア**]，スズとの合金を[**イ**]，ニッケルとの合金を[**ウ**]という。

B☐❺ アルミニウムは銀白色の金属で，空気中では表面に[**ア**]ができ内部が侵されにくい。[**イ**]から精製された[**ウ**]（純粋な Al_2O_3）を還元すると得られる。[**エ**]が小さく展性に富むので，1円硬貨や缶，鍋，送電線などに使われている。

B☐❻ アルミニウムと銅，マグネシウム，マンガンの合金を何というか。

B☐❼ 水銀は銀白色の金属で，常温・常圧で[**ア**]として存在する唯一の金属であり，硫化物を還元して得られる。蛍光灯などに使われている。蒸気や有機水銀化合物は[**イ**]が強い。

B☐❽ 水銀が他の多くの金属とつくる合金を何というか。

忘れることを恐れるな。忘れたら，また覚えればいいのさ！

解　答

❶ア：鉄鉱石（てっこうせき）
　イ：さび
　ウ：磁性（じせい）

❷ステンレス鋼（こう）
❸ア：赤
　イ：黄銅鉱（おうどうこう）
　ウ：銀

❹ア：黄銅(真ちゅう，
　　　　ブラス)
　イ：青銅(ブロンズ)（せいどう）
　ウ：白銅（はくどう）
❺ア：酸化被膜（ひまく）
　イ：ボーキサイト
　ウ：アルミナ
　エ：密度（みつど）
❻ジュラルミン
❼ア：液体
　イ：毒性

❽アマルガム

解　説

● 鉄 は，鉄鉱石（Fe_2O_3，Fe_3O_4）にコークス（C），石灰石（せっかいせき）（$CaCO_3$）を混合し，溶鉱炉（ようこうろ）内で熱風を吹き込み，生じた CO で鉄鉱石を還元（かんげん）する。得られた銑鉄（せんてつ）は炭素を多く含むので，転炉（てんろ）で酸素を吹き込んで炭素の含有量（がんゆう）を減らすことにより，鋼が得られる。

● 合金は，2種類以上の金属を高温で融解（ゆうかい）してつくられる。金属単体にない性質をもち，その性質は金属を配合する割合によっても変わる。

● 銅は，黄銅鉱（$CuFeS_2$）などをコークス，石灰石とともに熱し，粗銅を得る。さらに電気分解（電解精錬）によって高純度の純銅（99.99％）を得る。

● アルミニウムは，ボーキサイトを精製してアルミナ（純粋な Al_2O_3）にし，アルミナを融解したものを電気分解（溶融塩電解）（ようゆうえん）して単体（たんたい）を得る。

● 合金の覚え方➡ ⟋2

A☐❶ 陽イオンと陰イオンが［　］によって結びついている結合をイオン結合という。

A☐❷ イオン結合はおもに，［**ア**]元素と［**イ**]元素との間に生じる結合である。

A☐❸ イオン結合でできた物質は，その成分となっているイオンの種類とその数の比を示す［　］式で表す。

A☐❹ イオン結晶の融点は {高い・低い}。

A☐❺ イオン結晶は {硬い・軟らかい} がもろい。

A☐❻ イオン結晶の多くは水に溶け {やすい・にくい}。

A☐❼ イオン結晶の固体は電気を導き {やすい・にくい} が，融解液や水溶液にすると電気を導き {やすい・にくい}。

C☐❽ 強い力を加えると結晶の特定な面に沿って割れやすい。この性質を何というか。

C☐❾ ❶は，イオン間距離が大きいほど［**ア**] なり，イオンの価数の積が大きいほど［**イ**]。

C☐❿ NaF と CaF_2 と CaO を融点の高い順番に並べよ。

C☐⓫ CaO と MgO と BaO を融点の高い順番に並べよ。

C☐⓬ $NaCl$ と NaF と $NaBr$ を融点の高い順番に並べよ。

• $NaCl$，$CaCO_3$，Na_2CO_3，$NaHCO_3$，$CaCl_2$ のうち，次の用途に用いられるものを答えよ。

B☐⓭ 炭酸ソーダとよばれる，ガラスやセッケンの原料。

B☐⓮ 貝殻や石灰石などの主成分，セメントの原料。

B☐⓯ 塩素や水酸化ナトリウムの原料，調味料。

B☐⓰ 乾燥剤，融雪剤，豆腐の凝固剤。

B☐⓱ 重曹とよばれる胃酸の中和剤，洗剤，ふくらし粉。

解　答

❶静電気的な引力
　（クーロン力）

❷ア：金属
　イ：非金属
　（アとイは順不同）

❸組成

❹高い

❺硬い

❻やすい

❼にくい，やすい

❽へき開（劈開）

❾ア：小さく
　イ：大きい

❿ $CaO > CaF_2 > NaF$

⓫ $MgO > CaO > BaO$

⓬ $NaF > NaCl > $
　 $NaBr$

⓭ Na_2CO_3

⓮ $CaCO_3$

⓯ $NaCl$

⓰ $CaCl_2$

⓱ $NaHCO_3$

解　説

●イオン結合は，おもに金属元素−
　非金属元素間で生じる。
　（例外：塩化アンモニウム NH_4Cl）

●へき開（劈開）は，たたくことに
　よって結晶中の粒子の位置がずれ，
　同種の電気をもつイオンどうしが
　互いに近づき，反発力がはたらく。

●水中で電離する物質を電解質，し
　ない物質を非電解質という。

● クーロン力を求める式

$$F = k\,\frac{z_+ \cdot z_-}{r^2} \quad (k：比例定数)$$

z_+：陽イオンの価数

z_-：陰イオンの価数

r：イオンの中心間距離

● 融　点

	$z_+ \cdot z_-$	r 〔nm〕	融点〔℃〕
NaF	1	0.231	993
NaCl	1	0.282	800
NaBr	1	0.298	755
CaF_2	2	0.236	1360
BaF_2	2	0.268	1280
MgO	4	0.212	2826
CaO	4	0.240	2572
BaO	4	0.276	1923

共有結合

A□❶ 原子が互いに最外殻の電子を共有して結びつく結合を何というか。

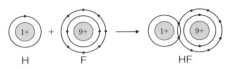

A□❷ ❶によって生じた粒子を何というか。

A□❸ 電子を共有したあとの原子の電子配置は, [　] と同じになる。

A□❹ 水素とフッ素の結合で, 2つの原子間に共有される電子の対 [ア] を何というか。

A□❺ 単独で存在し, 共有電子対のもとになる電子 [イ] を何というか。

A□❻ 共有結合に関与していない電子対 [ウ] を何というか。

C□❼ 1対の共有電子対は1本の線で示される。この線を何というか。

B□❽ 原子1個がもつ❼の数を何というか。

B□❾ ❽は, その原子がもつ何と等しいか。

B□❿ H−Fのように, 原子どうしが共有電子対1組で結合する共有結合を何というか。

B□⓫ O＝Oのように, 原子どうしが共有電子対2組で結合する共有結合を何というか。

B□⓬ N≡Nのように, 原子どうしが共有電子対3組で結合する共有結合を何というか。

解 答	解 説

❶ 共有結合

● 共有結合は，おもに非金属元素の原子間で生じる。

● 元素記号の周囲に，価電子を点で示した式（H· など）を電子式という。

❷ 分子
❸ 貴ガス

● 非金属元素の価電子数と原子価

原　子	価電子数	原子価
H	1	1
F，Cl，Br，I	7	1
O，S	6	2
N，P	5	3
C，Si	4	4

❹ 共有電子対

● 貴ガス He，Ne，Ar のように，他の原子と結合しにくく，原子1つで存在する分子を単原子分子という。

❺ 不対電子

❻ 非共有電子対

● 水素分子 H_2 や窒素分子 N_2 のように，2個の原子からなる分子を二原子分子という。

❼ 価標

❽ 原子価
❾ 不対電子
❿ 単結合

● 水分子 H_2O やアンモニア分子 NH_3 のように，3個以上の原子からなる分子を多原子分子という。

⓫ 二重結合

● 原子とは物質を構成する最小の粒子をいい，分子とは多くの場合原子の結合体で，物質の化学的性質を示す最小の粒子をいう。

⓬ 三重結合

A☐ ❶ 配位結合は，一方の原子から [ア] が提供されて
できた新しい共有結合をいう。したがって，配位結
合は，他の共有結合と区別することが [イ]。

B☐ ❷ アンモニアに水素イオンが配位結合してできたイ
オンの電子式を示せ。

$$H:\overset{\cdot\cdot}{\underset{H}{N}}:H \quad + \quad H^+ \quad \longrightarrow \quad \left[\qquad\qquad \right]$$

アンモニア　　水素イオン

B☐ ❸ ❷で生じたイオンの化学式と名称を答えよ。

B☐ ❹ 水に水素イオンが配位結合してできたイオンの電
子式を示せ。

$$H:\overset{\cdot\cdot}{\underset{\cdot\cdot}{O}}:H \quad + \quad H^+ \quad \longrightarrow \quad \left[\qquad\qquad \right]$$

水　　　　水素イオン

B☐ ❺ ❹で生じたイオンの化学式と名称を答えよ。

• 配位結合を→を用いて表し，次の構造式を示せ。

C☐ ❻ H_2SO_4

C☐ ❼ HNO_3

C☐ ❽ $HClO_4$

C☐ ❾ SO_2

B☐ ❿ $[Ag(NH_3)_2]^+$ のように金属イオンに [ア] をもっ
た分子や陰イオンが [イ] 結合してできるイオンを
錯イオンという。

B☐ ⓫ ❿で，金属イオンに結合する分子や陰イオンを
何というか。

解　答

① ア：非共有電子対
　イ：できない

②
$$\left[\begin{array}{c} H \\ H\!:\!\overset{\cdot\cdot}{N}\!:\!H \\ H \end{array}\right]^{+}$$

③ NH_4^+
アンモニウムイオン

④
$$\left[\begin{array}{c} H \\ H\!:\!\overset{\cdot\cdot}{O}\!:\!H \end{array}\right]^{+}$$

⑤ H_3O^+
オキソニウムイオン

⑥
$$\begin{array}{c} O \\ \uparrow \\ H-O-S-O-H \\ \downarrow \\ O \end{array}$$

⑦ $H-O-N=O$
　　　　$\downarrow$
　　　　O

⑧
$$\begin{array}{c} O \\ \uparrow \\ H-O-Cl\rightarrow O \\ \downarrow \\ O \end{array}$$

⑨
$$\begin{array}{c} S \\ \diagup\diagdown \\ O \quad\quad O \end{array}$$

⑩ ア：非共有電子対
　イ：配位

⑪ 配位子

解　説

● 共有結合と配位結合はまったく同じ性質をもっており，どの結合が配位結合によってできたものかを区別することができない。

● 配位結合は，非共有電子対を提供する原子から提供される原子へ向けて矢印で示すことがある。NH_4^+ の構造式を示す。
$$\left[\begin{array}{c} H \\ | \\ H-\overset{\displaystyle |}{\underset{\displaystyle |}{N}}-H \\ H \end{array}\right]^{+}$$

● 硫酸 H_2SO_4 の電子式

$$\begin{array}{c} :\overset{\cdot\cdot}{O}: \\ H\!:\!\overset{\cdot\cdot}{O}\!:\!S\!:\!\overset{\cdot\cdot}{O}\!:\!H \\ :\overset{\cdot\cdot}{O}: \end{array}$$

● 硝酸 HNO_3 の電子式

$$H\!:\!\overset{\cdot\cdot}{\underset{\cdot\cdot}{O}}\!:\!N\!::\!\overset{\cdot\cdot}{\underset{\cdot\cdot}{O}} \\ :\overset{\cdot\cdot}{\underset{\cdot\cdot}{O}}:$$

● 過塩素酸 $HClO_4$ の電子式

$$:\overset{\cdot\cdot}{O}: \\ H\!:\!\overset{\cdot\cdot}{O}\!:\!Cl\!:\!\overset{\cdot\cdot}{O}\!: \\ :\overset{\cdot\cdot}{O}:$$

● 二酸化硫黄 SO_2 の電子式

$$\overset{\cdot\cdot}{O}\!::\!\overset{\cdot\cdot}{\underset{\cdot\cdot}{S}}\!:\!\overset{\cdot\cdot}{\underset{\cdot\cdot}{O}}$$

● ⑩の錯イオンの名称はジアンミン銀（I）イオンという（矢印は配位結合）。
$$H_3N \longrightarrow Ag^+ \longleftarrow NH_3$$

A☐❶ 原子が共有電子対を引く力の強さを数値で表したものを何というか。

B☐❷ 陰性が強い元素は ❶ が [ア] く，陽性が強い元素は ❶ が [イ] い。

A☐❸ ❶ が最大の原子は何か。

A☐❹ 共有結合や分子における原子間の電荷のかたよりを何というか。

A☐❺ 水素分子や塩素分子のように，❹ のない分子を何というか。

A☐❻ 塩化水素分子や水分子のように，❹ のある分子を何というか。

B☐❼ 3原子以上の原子からなる分子では，分子の極性には分子の [ア] が大きく影響し，結合の極性を打ち消し合うと全体として [イ] になる。

B☐❽ CH_4 の分子の形はどのようになっているか。また，極性分子，無極性分子のどちらか。

B☐❾ NH_3 の分子の形はどのようになっているか。また，極性分子，無極性分子のどちらか。

B☐❿ H_2O の分子の形はどのようになっているか。また，極性分子，無極性分子のどちらか。

C☐⓫ BF_3 の分子の形はどのようになっているか。また，極性分子，無極性分子のどちらか。

B☐⓬ CO_2 の分子の形はどのようになっているか。また，極性分子，無極性分子のどちらか。

解　答

❶電気陰性度

❷ア：大き
　イ：小さ

❸フッ素
❹極性

❺無極性分子

❻極性分子

❼ア：形
　イ：無極性分子

❽正四面体
　無極性分子
❾三角錐形
　極性分子
❿折れ線形
　極性分子
⓫正三角形
　無極性分子
⓬直線形
　無極性分子

解　説

● 電気陰性度は，貴ガスを除き，右上の原子ほどその値は大きい。

H 2.2						
Li 1.0	Be 1.6	B 2.0	C 2.6	N 3.0	O 3.4	F 4.0
Na 0.9	Mg 1.3	Al 1.6	Si 1.9	P 2.2	S 2.6	Cl 3.2

● 貴ガスは共有結合しにくいので，電気陰性度は求められない。

● 結合に極性が生じることを分極するという。

● 分子の形は，「電子対は互いに反発し合い，最も離れた位置を占める（電子対の反発則）」に基づいて推定できる。

● 無極性分子と原子間の極性

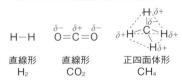

H–H　　　$\overset{\delta-}{O}=\overset{\delta+}{C}=\overset{\delta-}{O}$

直線形　　直線形　　正四面体形
H₂　　　　CO₂　　　　CH₄

● 極性分子と原子間の極性

$\delta+H–Cl\delta-$　　直線形
HCl

折れ線形
H₂O

三角錐形
NH₃

● 極性を表すとき，δ は「少し」という意味で用いられる。

24 | **分子間力**

A▢**❶** ファンデルワールス力や水素結合など，分子間にはたらく力をまとめて何というか。

A▢**❷** すべての分子間に見られる，分子どうしが引き合う弱い引力を何というか。

B▢**❸** ❷が強いほど沸点・融点は |高く・低く| なる。

B▢**❹** ❷は分子量が大きい分子ほど |強く・弱く| なる。

B▢**❺** 分子量が大きい分子は，一般的に沸点・融点が |高く・低く| なる。

B▢**❻** 分子量がほぼ同じ分子の沸点・融点は， |極性・無極性| 分子のほうが高くなる。

A▢**❼** 分子中の電気陰性度の大きい原子と結合する水素原子が，他の陰性原子と強く引き合う結合を何というか。

A▢**❽** ❼の分子中の電気陰性度の大きい原子を三つ答えよ。

B▢**❾** 次の分子の中で，❼の結合が生じていないのはどれか。

  HF   HCl
  H_2O NH_3

B▢**❿** ❼の結合があると，沸点はどうなるか。

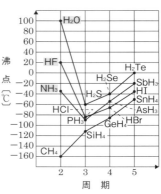

水素化合物の沸点

56

解　答	解　説
❶分子間力	●ファンデルワールス力や水素結合など，分子間にはたらく力をまとめて分子間力という。
❷ファンデルワールス力	●ファンデルワールス力を分子間力という場合もある。
❸高く	
❹強く	●分子量が大きいものほど分子間力は強くなり，沸点も高くなる。
❺高く	
❻極性	●分子量がほぼ同じ無極性分子と極性分子の沸点を比較すると，極性分子のほうが高い。
❼水素結合	●水素結合を点線，共有結合を実線で示すと下のようになる。

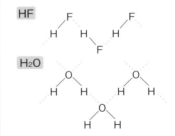

HF

H₂O

❽F，O，N	

❾HCl	

●無極性溶媒中や気体では，酢酸2分子が水素結合により，引き合い，二量体を形成している。

$$CH_3-C\overset{\displaystyle O\cdots H-O}{\underset{\displaystyle O-H\cdots O}{}}C-CH_3$$

❿高くなる	

分子結晶

A▢ **❶** 分子結晶は融点が一般に [**ア**] く, [**イ**] くてもろい。

A▢ **❷** 分子結晶には, ヨウ素 I_2 やドライアイス CO_2 のように, [　] 性を示すものもある。

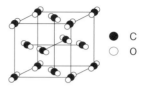

● C
○ O

ドライアイスの結晶構造

B▢ **❸** 氷の結晶中では, 1個の水分子は他の水分子と [　] 結合し, 正四面体構造をとっている。

B▢ **❹** 氷は [**ア**] が多い構造なので, 水より密度が [**イ**]。

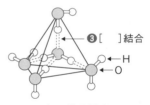

❸[　]結合

←H
←O

氷の結晶構造

C▢ **❺** 水の密度が最大になるのは何℃のときか。

C▢ **❻** **❺** のような現象がみられる理由は次の通り。

0℃→4℃では, [**ア**] 結合の一部が切れ, すき間に水分子が入り込んで体積が [**イ**] していき, 4℃で密度が最大になる。さらに温度を上げ

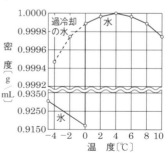

ていくと, 水分子の [**ウ**] が活発になり体積が [**エ**] していくので, 密度は減少していく。

解　答	解　説

❶ア：低
　イ：軟らか
❷昇華

❸水素

❹ア：すき間
　イ：小さい

❺ 4 ℃

❻ア：水素
　イ：減少
　ウ：熱運動
　エ：増加

● 多数の分子が規則的に配列してで
きた固体を分子結晶という。

● 固体 ⟶ 気体の状態変化を昇華，
気体 ⟶ 固体の状態変化を凝華と
いう。

● ドライアイスの結晶は CO_2 が面
心立方格子の配置をしている。

● 水素結合は方向性をもった結合な
ので，水分子は特定の方向の水分
子とだけ水素結合をする。よって，
氷はすき間の多い構造になる。

● 質量が等しいとき，体積が小さく
なると密度は大きくなる。

● 0 ℃以下（氷のみ）では，温度
が上昇すると，分子の熱運動がさ
かんになり，体積は増加して密度
は減少する。

● 0 ℃では，一部の水素結合が切
断されて氷が融解し，すき間に水
分子が入り込むので体積は減少し，
密度は増加する。

● 液体の水には多くの水素結合が残
っていて，すべて切断すると水蒸
気になる。よって，融解熱より蒸
発熱のほうが大きくなる。

B☐❶　水素は，最も [ア] い気体で，[イ] する力が強い。燃料電池やロケットの燃料に利用される。工業的には，天然ガスと水から得られる。

B☐❷　酸素は空気中に約 [ア] ％含まれ，[イ] する力が強い。植物の [ウ] でつくられ，生物の [エ] に必要。[オ] があり，液体（沸点 −183℃）は強力な磁石で引き寄せられる。液体空気の分留で得られる。

B☐❸　窒素は空気中に約 [ア] ％含まれ，反応性は乏しい。液体（沸点 −196℃）は，[イ] に用いられる。液体空気の分留で得られる。

B☐❹　塩素は [ア] 色で刺激臭のある有毒気体。[イ]・[ウ] 作用をもつため，水道水の殺菌に使われている。水と反応して [エ] を生じる。工業的には，食塩水の電気分解によって得られる。

$$2NaCl + 2H_2O \longrightarrow 2NaOH + H_2 + Cl_2$$

B☐❺　水は自然界に大量に存在し，生物の体内に多く含まれ，人間の体の約 [ア] 割を占める。[イ] 分子で他の極性分子やイオン結合でできた物質を溶かす。

B☐❻　塩化水素は空気より [ア] い無色の有毒気体で刺激臭があり，水によく溶ける。水溶液は [イ] で，[ウ] 性を示す。鉄などと反応して [エ] を発生する。

B☐❼　アンモニアは空気より [ア] い無色の有毒気体で，特有の刺激臭があり，水に非常によく溶け，[イ] 性を示す。工業的には，水素と窒素から合成する。

$$N_2 + 3H_2 \rightleftharpoons 2NH_3$$

B☐❽　二酸化炭素は空気より重い無色無臭の気体で，水に少し溶けて [ア] 水になり，[イ] 性を示す。石灰水に通じると [ウ]。

解　答

❶ア：軽
　イ：還元（かんげん）

❷ア：21
　イ：酸化
　ウ：光合成
　エ：呼吸
　オ：磁性

❸ア：78
　イ：冷却剤

❹ア：黄緑
　イ：漂白（ひょうはく）
　ウ：殺菌
　エ：次亜塩素酸（じあ）
　　　HClO
　（イとウは順不同）

❺ア：6
　イ：極性

❻ア：重
　イ：塩酸
　ウ：強酸
　エ：水素 H_2

❼ア：軽
　イ：弱塩基（えんき）

❽ア：炭酸
　イ：弱酸
　ウ：白濁（はくだく）する

解　説

● 水素の実験室的製法
$Zn + H_2SO_4 \longrightarrow ZnSO_4 + H_2$

● 酸素の実験室的製法
$2H_2O_2 \longrightarrow 2H_2O + O_2$

● 空気中の気体の体積比
$N_2：78\%, O_2：21\%, Ar：0.93\%$

● 塩素の実験室的製法
$MnO_2 + 4HCl$
$\quad\quad \longrightarrow MnCl_2 + 2H_2O + Cl_2$

● 塩素を水に溶かした反応
$Cl_2 + H_2O \rightleftharpoons HCl + HClO$

● 塩化水素の実験室的製法
$NaCl + H_2SO_4$
$\quad\quad \longrightarrow NaHSO_4 + HCl$

● 鉄と塩酸の反応
$Fe + 2HCl \longrightarrow FeCl_2 + H_2$

● アンモニアの実験室的製法
$2NH_4Cl + Ca(OH)_2$
$\quad\quad \longrightarrow CaCl_2 + 2H_2O + 2NH_3$

● 二酸化炭素の実験室的製法
$CaCO_3 + 2HCl$
$\quad\quad \longrightarrow CaCl_2 + H_2O + CO_2$

● 二酸化炭素の検出
$CO_2 + Ca(OH)_2$
$\quad\quad \longrightarrow CaCO_3 + H_2O$
　　　　　白色沈殿

- 酢酸，エチレン，ベンゼン，エタノール，メタン，ポリエチレンテレフタラート，ポリエチレンのうち，次の特徴を示す物質を答えよ。

B ☐ ❶ 空気より軽い無色無臭の気体で，天然ガスの主成分であり，都市ガスに使われる。

B ☐ ❷ 無色でかすかに甘いにおいのする気体で，多くの有機化合物の合成原料として重要である。植物のホルモンの一つで，果実が熟すときに放出され，成熟を促進する作用がある。

B ☐ ❸ 無色の液体で，酒類に含まれる飲用のものは，デンプンやグルコースの発酵でつくられる。工業的には，エチレンと水から合成され，溶媒や消毒薬，燃料などに用いられている。

B ☐ ❹ 無色の液体で，刺激臭がある。食酢中には数％含まれており，エタノールの発酵でつくられる。アセテートとよばれる合成繊維や解熱鎮痛剤などの医薬品の原料にも用いられる。

B ☐ ❺ 無色で特異臭のある液体で，蒸気は有毒である。炭素が正六角形に結合した無極性分子で，水に溶けにくい。染料や医薬品の合成原料として重要である。

B ☐ ❻ 原料のエチレンの二重結合が切れて単結合になり，多数が結合して合成される。種々のプラスチック製品やポリ袋などとして使われている。

B ☐ ❼ 原料のテレフタル酸とエチレングリコールから水分子がとれる反応がくり返され，多数の分子が結合して合成される。ポリエステル繊維やペットボトルのようなプラスチックとして使われている。

解　答	解　説
	●炭素原子を骨格とする化合物を有機化合物という。
❶メタン CH_4	●有機化合物の構成元素は少ない（C, H, O, N, S, Cl など）が, 化合物の数は多い（数千万種）。
❷エチレン C_2H_4	
	●有機化合物は分子性物質が多く, 融点・沸点の低いものが多い。
❸エタノール　C_2H_5OH	●有機化合物は極性の小さい分子が多いので, 水に溶けにくく, 有機溶媒に溶けやすい。
	●有機化合物を完全燃焼させると, 多くは CO_2 と H_2O を生じる。
❹酢酸 CH_3COOH	
	●有機化合物の分子が次々に結合して（重合して）巨大な分子になるものがある。このようにしてできた物質を高分子化合物といい, 繊維やプラスチックとして利用されている。
❺ベンゼン C_6H_6	
❻ポリエチレン　$(C_2H_4)_n$	●ポリエチレンは PE, ポリエチレンテレフタラートは PET と略される高分子化合物である。
❼ポリエチレンテレフタラート	

有機化学は
楽しいゾ♪

A☑❶ 共有結合結晶は，結晶全体が多数の原子が [ア] 結合によって強く結ばれ，大きな [イ] と考えられる。

A☑❷ 共有結合結晶は，[ア] 式で表され，化学的に安定で，融点が [イ] く，黒鉛を除いて極めて [ウ] い。水に溶けにくく，黒鉛以外は電気を [エ]。

C☑❸ ダイヤモンドは炭素原子が他の4個の原子と [ ] をつくるように共有結合している。

B☑❹ ダイヤモンドは天然で最も [ア] い物質で，削岩機の刃先や工具の刃などに用いられる。光の屈折率が高く産出量が少ないので [イ] に加工される。

C☑❺ ダイヤモンドは，[ア] 伝導性はないが，[イ] 伝導性は非常によい。

C☑❻ 黒鉛は，炭素原子の4個の価電子のうち [ア] 個の電子が共有結合して [イ] 形の平面網目構造を形成し，この層が積み重なってできている。層と層は弱い [ウ] 力で結びついているので，はがれやすく [エ] い。

C☑❼ 黒鉛は，炭素原子の4個の価電子のうち結合に関与しない残りの [ア] 個の電子が平面全体に共有され，平面内を自由に動けるので，電気を [イ]。そのため，電池や電気分解の電極などに使われている。

解 答

- ❶ア：共有
  - イ：分子
- ❷ア：組成
  - イ：高
  - ウ：硬
  - エ：通さない
- ❸立体網目構造

- ❹ア：硬
  - イ：宝石

- ❺ア：電気
  - イ：熱
- ❻ア：3
  - イ：正六角
  - ウ：ファンデルワー
    ルス
  - エ：軟らか

- ❼ア：1
  - イ：よく通す

解 説

- ●多数の原子が次々と共有結合してできている結晶を共有結合結晶（共有結合の結晶）という。

- ●共有結合結晶には，ダイヤモンド，黒鉛のほか，ケイ素の単体や二酸化ケイ素などがある。

- ●ダイヤモンド C や黒鉛 C，ケイ素 Si，二酸化ケイ素 SiO_2 を化学式で表すときは，その成分元素の原子の数を最も簡単な整数比にした組成式が使われる。

- ● フラーレン C_{60} ……分子結晶

- ●ダイヤモンドの融点は 3550℃。

- ●❺：ダイヤモンドは炭素原子が規則正しく並んでいるので，熱による原子の振動（格子振動）が伝わりやすい。

ダイヤモンドと，黒鉛って全然違うね。

B☐❶ ケイ素 Si は，岩石や鉱物の成分元素として，地殻中に［ア］に次いで多量に存在する。単体は天然には存在せず，酸化物を［イ］して得られる。

B☐❷ ケイ素の結晶は，ダイヤモンドと同様の構造で，灰色で金属光沢があり，［ア］の性質を示す。高純度のものは，コンピュータの IC（集積回路）や［イ］などの材料として使われている。

(○Si)

B☐❸ 二酸化ケイ素 SiO_2 は，ケイ砂の主成分で，［ア］などの結晶をつくる。結晶は［イ］くて融点も［ウ］く，薬品に侵されにくいが［エ］に溶ける。人工の結晶は，時計の水晶振動子などに使われる。

C☐❹ 高純度の二酸化ケイ素を高温で融解後，冷やしてできるガラスは［ア］とよばれ，高純度のものは［イ］の原料になる。

C☐❺ 二酸化ケイ素はケイ素原子と酸素原子が［ア］結合でつながり，［イ］を基本構造とした［ウ］構造になっている。

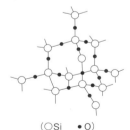

(○Si ●O)

ケイ素は身近なところにたくさんあるね！

解　答

❶ア：酸素
　イ：還元（かんげん）

❷ア：半導体
　イ：太陽電池

❸ア：石英（水晶）（せきえい／すいしょう）
　イ：硬
　ウ：高
　エ：フッ化水素酸

❹ア：石英ガラス
　イ：光ファイバー

❺ア：共有
　イ：正四面体
　ウ：立体網目

解　説

● 地殻中の元素の割合の多い順
　$O > Si > Al > Fe > Ca > Na$
　おっ　しゃる　て　か　な

● ケイ素の単体は，ケイ砂 SiO_2 を
　電気炉中で融解し，コークスを用
　いて還元する。
　　$SiO_2 + 2C \longrightarrow Si + 2CO$

● 金属のような良導体とダイヤモン
　ドのような絶縁体（不導体）（ぜつえん）の中
　間の電気伝導性を示すものを半導
　体という。

● 二酸化ケイ素の融点は約 1700℃，
　ケイ素の融点は約 1400℃。

● 二酸化ケイ素はシリカともよばれ，
　純粋なものを石英といい，石英が
　大きく結晶化したものを水晶とい
　う。

● 二酸化ケイ素はフッ化水素酸に溶
　け，ヘキサフルオロケイ酸 H_2SiF_6
　になる。
　　$SiO_2 + 6HF$
　　　　　$\longrightarrow H_2SiF_6 + 2H_2O$

● フッ化水素 HF の水溶液をフッ化
　水素酸という。ガラスを侵すので，
　ポリエチレン容器に保存する。

結晶の種類と物質の性質

- 金属結晶について答えよ。
- A☐❶　結晶の構成粒子
- A☐❷　結晶を構成する粒子間の結合
- B☐❸　結晶の融点
- B☐❹　結晶の硬さ
- B☐❺　結晶の電気伝導性

- イオン結晶について答えよ。
- A☐❻　結晶の構成粒子
- A☐❼　結晶を構成する粒子間の結合
- B☐❽　結晶の融点
- B☐❾　結晶の硬さ
- B☐❿　結晶の電気伝導性

- 分子結晶について答えよ。
- A☐⓫　結晶の構成粒子
- A☐⓬　結晶を構成する粒子間の結合
- B☐⓭　結晶の融点
- B☐⓮　結晶の硬さ
- B☐⓯　結晶の電気伝導性

- 共有結合結晶について答えよ。
- A☐⓰　結晶の構成粒子
- A☐⓱　結晶を構成する粒子間の結合
- B☐⓲　結晶の融点
- B☐⓳　結晶の硬さ
- B☐⓴　結晶の電気伝導性

解 答

❶金属元素の原子と自由電子
❷金属結合
❸一般に典型元素は低く，遷移元素は高い
❹軟らかくて延性・展性に富む
❺よく通す
❻陽イオンと陰イオン
❼イオン結合
❽一般に高い
❾硬くてもろい
❿通しにくいが，融解液や水溶液は通す

⓫分子
⓬分子間力
⓭低い（昇華性を示すものもある）
⓮軟らかくてもろい
⓯通さない

⓰非金属元素の原子
⓱共有結合
⓲非常に高い
⓳非常に硬い（黒鉛は軟らかい）
⓴通さない（黒鉛はよく通す）

解 説

● 金属結晶
ナトリウム Na，鉄 Fe
アルミニウム Al，銅 Cu

● イオン結晶
塩化ナトリウム NaCl
炭酸カルシウム $CaCO_3$

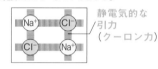

● 分子結晶
ヨウ素 I_2，氷 H_2O
二酸化炭素 CO_2

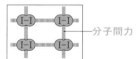

● 共有結合結晶
ダイヤモンド C，ケイ素 Si
二酸化ケイ素 SiO_2

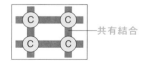

原子量・分子量・式量

A☐❶ 質量数 12 の炭素原子 ^{12}C の質量を 12 とし，これを基準として各原子の [　] 質量を定めている。

A☐❷ 各元素の同位体の相対質量と存在比から求められる原子の平均相対質量を [　] という。

A☐❸ 自然界にある炭素は，^{12}C（相対質量 12 [基準]）が 98.9%，^{13}C（相対質量 13.00）が 1.1% 存在するので，炭素 C の原子量は次のように求められる。

$$12 × [ア] + 13.00 × [イ] ≒ 12.01$$

A☐❹ ^{35}Cl（相対質量 35）と ^{37}Cl（相対質量 37）が 3：1 で存在するとき，塩素 Cl の原子量は次のように求められる。

$$35 × [ア] + 37 × [イ] = [ウ]$$

A☐❺ 分子を構成している原子の原子量の総和を何というか。

A☐❻ H_2O の ❺ を求める式は，原子量を H = 1.0, O = 16 とすると，次のようになる。

$$1.0 × [ア] + 16 × [イ] = [ウ]$$

A☐❼ CO_2 の ❺ を求める式は，原子量を C = 12, O = 16 とすると，次のようになる。

$$12 × [ア] + 16 × [イ] = [ウ]$$

A☐❽ イオン式や組成式を構成している原子の原子量の総和を何というか。

A☐❾ $CaCl_2$ の ❽ を求める式は，原子量を Ca = 40, Cl = 35.5 とすると，次のようになる。

$$40 × [ア] + 35.5 × [イ] = [ウ]$$

A☐❿ SO_4^{2-} の ❽ を求める式は，原子量を S = 32, O = 16 とすると，次のようになる。

$$32 × [ア] + 16 × [イ] = [ウ]$$

解　答

❶相対

❷原子量

❸ア：$\dfrac{98.9}{100}$

　イ：$\dfrac{1.1}{100}$

❹ア：$\dfrac{3}{4}$

　イ：$\dfrac{1}{4}$

　ウ：35.5

❺分子量

❻ア：2
　イ：1
　ウ：18
❼ア：1
　イ：2
　ウ：44
❽式量

❾ア：1
　イ：2
　ウ：111
❿ア：1
　イ：4
　ウ：96

解　説

● 原子量は，炭素原子 ^{12}C の質量を 12 と定め，これを基準として各原子の質量を相対的に表した数値。

● ^{12}C 原子 1 個の質量は，1.9926×10^{-23} g。^{1}H 原子 1 個の質量は，1.6735×10^{-24} g である。

● 各原子の相対質量は，ほぼ質量数に近い値となる。

● ^{1}H の相対質量

$= {}^{12}$C の相対質量
$\times \dfrac{^{1}\text{H 原子 1 個の質量}}{^{12}\text{C 原子 1 個の質量}}$

$= 12 \times \dfrac{1.6735 \times 10^{-24}\text{ g}}{1.9926 \times 10^{-23}\text{ g}}$

$\fallingdotseq 1.0078$

● 原子量，分子量，式量は相対値なので単位はない。

● 原子量は，（相対質量×存在比）の総和で求められる。

● 分子の平均相対質量を分子量という。

● イオンからなる物質，共有結合結晶，金属の単体のように，イオン式や組成式で表される物質の式中の全構成原子の原子量の総和を式量（イオン式量，組成式量）という。

A☐ ❶　6.02×10^{23} 個の粒子の集団を［ア］といい，これを単位としてはかった量を［イ］という。

A☐ ❷　物質 1 mol あたりの粒子数 6.02×10^{23}/mol を何というか。

A☐ ❸　質量数 12 の炭素原子 ^{12}C が 6.02×10^{23} 個の質量は何 g になるか。

B☐ ❹　物質 1 mol あたりの質量を［ア］といい，原子量・分子量・式量に単位［イ］をつけた量になる。

A☐ ❺　物質量 n〔mol〕と質量 w〔g〕，モル質量 M〔g/mol〕との関係を示せ。

$$n = \frac{［ア］}{［イ］}$$

B☐ ❻　0 ℃，1.013×10^5 Pa の状態を何というか。

B☐ ❼　「同温・同圧のもとで，同体積の気体には，気体の種類に関係なく同数の分子が含まれる」という関係を何の法則というか。

A☐ ❽　❼の法則より，0 ℃，1.013×10^5 Pa のとき，1 mol の気体の体積は，気体の種類に関係なく何 L を占めるか。

B☐ ❾　物質 1 mol が占める体積を［ア］といい，0 ℃，1.013×10^5 Pa の状態の気体ではその種類に関係なくほぼ［イ］L/mol である。

A☐ ❿　物質量 n〔mol〕と 0 ℃，1.013×10^5 Pa の状態の気体の体積 v〔L〕との関係を示せ。

$$n = \frac{［ア］}{［イ］}$$

正確に理解しよう！

解　答	解　説
❶ア：1 モル（1mol） 　イ：物質量 ❷アボガドロ定数 ❸ 12 g ❹ア：モル質量 　イ：g/mol ❺ア：w 　イ：M ❻標準状態 ❼アボガドロの法則 ❽ 22.4 L ❾ア：モル体積 　イ：22.4 ❿ア：v 　イ：22.4	● アボガドロ数（$6.02214076 \times 10^{23}$）個の粒子の集団を 1 モル（単位：mol）といい，モルを単位として表した粒子の量を物質量という。 ● アボガドロ数に単位をつけた，1 mol あたりの粒子数 $6.02214076 \times 10^{23}$/mol をアボガドロ定数（$N_A$）という。 ● 2019 年 5 月 20 日より新しい SI 基本単位が施行され，モルの定義も変更された。 ● 物質量〔mol〕はダースのように同じ個数の集団を考えよう！ 　1 ダース……12 個 　2 ダース……24 個 　1 mol……6.02×10^{23} 個 　2 mol……12.04×10^{23} 個 ● C = 12 　↳ 1 mol = 12g 　　‖ 　　6.02×10^{23} 個 ● Fe = 56 　↳ 1 mol = 56g 　　‖ 　　6.02×10^{23} 個 ● O₂ = 32 　22.4L（標準状態） 　　‖ 　↳ 1 mol = 32g

A☑❶ アルミニウム Al (原子量 27) 54 g は何 mol か。

$$\frac{[ア] \text{ g}}{[イ] \text{ g/mol}} = [ウ] \text{ mol}$$

A☑❷ Al 0.50 mol は何 g か。

$[ア] \text{ mol} \times [イ] \text{ g/mol} = [ウ] \text{ g}$

B☑❸ 2.7 g 中に何個の Al 原子が含まれているか。アボガドロ定数は 6.0×10^{23}/mol とする。

$$\frac{2.7}{[ア]} \text{ mol} \times 6.0 \times 10^{23} \text{ 個 /mol} = [イ] \text{ 個}$$

A☑❹ メタン CH_4 (分子量 16) 8.0 g は何 mol か。

$$\frac{[ア] \text{ g}}{[イ] \text{ g/mol}} = [ウ] \text{ mol}$$

A☑❺ CH_4 0.10 mol は何 g か。

$[ア] \text{ mol} \times [イ] \text{ g/mol} = [ウ] \text{ g}$

A☑❻ 標準状態で CH_4 56 L は何 mol か。

$$\frac{[ア] \text{ L}}{[イ] \text{ L/mol}} = [ウ] \text{ mol}$$

A☑❼ CH_4 32 g は標準状態で何 L か。

$$\frac{32}{[ア]} \text{ mol} \times [イ] \text{ L/mol} = [ウ] \text{ L}$$

B☑❽ 標準状態で CH_4 2.24 L 中には, 何個の水素原子が含まれるか。アボガドロ定数は 6.0×10^{23} /mol とする。

$$\frac{2.24}{[ア]} \text{ mol} \times 6.0 \times 10^{23} \text{ 個 / mol} \times [イ]$$
$$= [ウ] \text{ 個}$$

CH_4 1 分子中に, H 原子は [イ] 個ある

解　答

❶ ア：54
　　 イ：27
　　 ウ：2.0
❷ ア：0.50　イ：27
　　 ウ：13.5
❸ ア：27
　　 イ：6.0×10^{22}

❹ ア：8.0
　　 イ：16
　　 ウ：0.50
❺ ア：0.10　イ：16
　　 ウ：1.6
❻ ア：56
　　 イ：22.4
　　 ウ：2.5
❼ ア：16
　　 イ：22.4
　　 ウ：44.8
❽ ア：22.4
　　 イ：4
　　 ウ：2.4×10^{23}

解　説

● 原子量，分子量，式量に〔g/mol〕の単位をつけるとモル質量になり計算しやすくなる。

● アボガドロ定数の単位は〔/mol〕だが，〔個 /mol〕と考えると計算しやすい。

● 気体 1 mol あたりが占める体積をモル体積〔L/mol〕という。

● 0℃，1.013×10^5Pa の状態（標準状態）のとき，モル体積は気体の種類に関係なく 22.4 L/mol になる。よって，物質量は，

物質量〔mol〕
$$= \frac{標準状態の気体の体積〔L〕}{22.4 \text{L/mol}}$$

で求められる。

● 計算のコツは，単位をしっかりと考えること。単位どうしは計算できる。

$$〔\text{mol}〕 \times 〔\text{g/mol}〕 = 〔\text{g}〕$$

$$〔\text{g}〕 \quad \times \frac{1}{〔\text{g/mol}〕} = 〔\text{mol}〕$$

$$〔\text{mol}〕 \times 〔\text{L/mol}〕 = 〔\text{L}〕$$

$$〔\text{L}〕 \quad \times \frac{1}{〔\text{L/mol}〕} = 〔\text{mol}〕$$

$$〔\text{mol}〕 \times 〔個 /\text{mol}〕 = 〔個〕$$

$$〔個〕 \quad \times \frac{1}{〔個 /\text{mol}〕} = 〔\text{mol}〕$$

A☐❶ $\dfrac{溶質〔g〕}{溶液〔g〕} \times 100$ で表される濃度を何というか。

A☐❷ $\dfrac{溶質〔mol〕}{溶液〔L〕}$ で表される濃度を何というか。

A☐❸ 25 g の塩化ナトリウム NaCl が 100 g の水に溶けている水溶液の質量パーセント濃度はいくらか。

NaCl aq

$$\dfrac{[ア]}{[イ]} \times 100 = [ウ] \%$$

A☐❹ 30% 硫酸（りゅうさん）水溶液 1.0 L には，何 g の硫酸 H_2SO_4 が溶けているか。水溶液の密度を 1.2 g/cm³ とする。

30% H_2SO_4 aq 1.2 g/cm³

$$1000 \, cm^3 \times [ア] \, g/cm^3 \times \dfrac{[イ]}{100} = [ウ] \, g$$

A☐❺ 20 g の水酸化ナトリウム NaOH（式量 40）を水に溶かして全量を 500 mL にした水溶液のモル濃度はいくらか。

NaOH aq

$$\dfrac{[ア]}{40} \, mol \times \dfrac{1000}{[イ]} \, /L = [ウ] \, mol/L$$

B☐❻ 98% 濃硫酸 H_2SO_4（分子量 98）は何 mol/L か。濃硫酸の密度を 1.8 g/cm³ とする。溶液を 1.0L（1000cm³）とする。

$$1000 \, cm^3 \times [ア] \, g/cm^3$$
$$\times \dfrac{[イ]}{100} \times \dfrac{1}{[ウ]} \, mol/g = [エ] \, mol$$

∴ 　[エ] mol/L

❶質量パーセント濃度

❷モル濃度

❸ア：25
　イ：125
　ウ：20

❹ア：1.2
　イ：30
　ウ：360

❺ア：20
　イ：500
　ウ：1.0

❻ア：1.8
　イ：98
　ウ：98
　エ：18

● 食塩水を例にすると，溶液は食塩水，溶媒は水，溶質は塩化ナトリウムである。

● 図は，溶質と溶媒を分けてかいてあるが，実際の溶液では均一に混ざり合っている。

溶液 ┤ 溶媒
　　 ┘ 溶質

● 溶液に溶けている物質の量の割合は，濃度で表される。

● 溶液1Lあたりに溶けている溶質を物質量で表した濃度をモル濃度という。単位はmol/Lを用いる。

● **溶液の調整方法**　溶質は，まずビーカーではかりとって少量の水に溶かしてからメスフラスコに入れる。その際，ビーカーに付着した溶液を少量の水で洗い，その洗液もメスフラスコに入れ，最後に標線まで水を入れる。

● 溶液の体積を質量へ換算するときは，密度〔g/cm³〕を用いる。
$$〔cm^3〕 × 〔g/cm^3〕 = 〔g〕$$

● ❻のような〔%〕⟷〔mol/L〕の濃度の換算の問題では，体積を1L（1000cm³）とおくと計算しやすい。

A☐❶ 一定量の溶媒に溶ける限度まで溶質を溶かした溶液を［ア］といい，溶解する溶質の最大値を［イ］という。

A☐❷ 固体の溶解度は一般に高温ほどどうなるか。

B☐❸ 溶解度と温度の関係を表した右のグラフを何というか。

B☐❹ 少量の不純物を含む固体を熱水に溶かし，これを冷却することによって純粋な結晶を分離する，温度による溶解度の差を利用した物質の精製法を何というか。

• KCl の溶解度〔g/100 g 水〕は，80℃で 50，10℃で 30 である。次の問いに有効数字 2 桁で答えよ。KCl = 75

B☐❺ 80℃飽和水溶液 100 g に含まれる KCl は何 g か。

$$100g \times \frac{[ア]}{[イ]} ≒ [ウ] g$$

B☐❻ 80℃の飽和水溶液 100 g を 10℃に冷却したとき，何 g の結晶が析出するか。

80℃飽和水溶液 100 g には KCl 33.3 g，H_2O 66.7 g が含まれている。

冷却後，析出した KCl を x〔g〕とする。冷却後の溶液は 10℃飽和水溶液より，次式が成立する。

$$\frac{KCl \, [g]}{H_2O \, [g]} = \frac{30}{100} = \frac{[ア]}{[イ]}$$

$$x ≒ [ウ]$$

解 答	解 説

解 答

❶ア：飽和溶液
イ：溶解度

❷大きくなる

❸溶解度曲線

❹再結晶

❺ア：50
　イ：150
　ウ：33
❻ア：$33.3 - x$
　イ：66.7
　ウ：13

解 説

● 溶解度は水 100 g に最大限まで溶けた溶質の質量〔g〕の値で表すことが多い。

● 溶質が溶解度に相当する量まで溶解した溶液を飽和溶液という。

● 飽和溶液になると，溶質の溶解と析出が見かけ上，止まったように見える。この状態を溶解平衡という。

● 固体の溶解度の問題を解くとき，下のような表をかくと解きやすい。

〔g〕	KCl	H₂O	KCl aq
80℃	50	100	150
10℃	30	100	130

● 80℃飽和水溶液 100 g

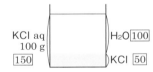

KCl aq
100 g
150 ｜ H₂O 100
）KCl 50

● 10℃へ冷却後の水溶液

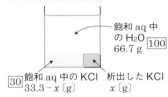

飽和 aq 中
の H₂O 100
66.7 g

30 飽和 aq 中の KCl
33.3 − x〔g〕

析出した KCl
x〔g〕

• 次の化学反応式の [ ] に係数を入れよ。1 も入る。

A□ ❶ [ア] H_2 + [イ] O_2 ⟶ [ウ] H_2O

A□ ❷ [ア] C_2H_6 + [イ] O_2 ⟶ [ウ] CO_2 + [エ] H_2O

A□ ❸ [ア] HCl + [イ] $Ca(OH)_2$
⟶ [ウ] $CaCl_2$ + [エ] H_2O

A□ ❹ [ア] KBr + [イ] Cl_2 ⟶ [ウ] KCl + [エ] Br_2

A□ ❺ [ア] Cu + [イ] Ag^+ ⟶ [ウ] Cu^{2+} + [エ] Ag

• 次の化学反応式を答えよ。

A□ ❻ 亜鉛と塩酸を反応させると，塩化亜鉛と水素を生じた。

A□ ❼ 硫酸と水酸化カリウムが反応すると，硫酸カリウムと水を生じた。

A□ ❽ マグネシウムが燃焼して，酸化マグネシウムが生成した。

A□ ❾ 過酸化水素は，二酸化マンガンを触媒として水と酸素に分解された。

A□ ❿ 炭酸水素ナトリウムを加熱すると，炭酸ナトリウムと水と二酸化炭素を生じた。

A□ ⓫ メタンが燃焼すると，二酸化炭素と水を生じた。

A□ ⓬ 炭酸カルシウムを分解すると，酸化カルシウムと二酸化炭素が生じた。

A□ ⓭ ナトリウムを水に加えると，水酸化ナトリウムと水素を生じた。

A□ ⓮ 硫黄が燃焼すると，二酸化硫黄が生じた。

A□ ⓯ 食塩水に硝酸銀水溶液を加えると，塩化銀の白色沈殿と硝酸ナトリウムが生じた。

解　答

① ア：2　イ：1
　　ウ：2

② ア：2　イ：7
　　ウ：4　エ：6

③ ア：2　イ：1
　　ウ：1　エ：2

④ ア：2　イ：1
　　ウ：2　エ：1

⑤ ア：1　イ：2
　　ウ：1　エ：2

⑥ $Zn + 2HCl$
　　　$\longrightarrow ZnCl_2 + H_2$

⑦ $H_2SO_4 + 2KOH$
　　　$\longrightarrow K_2SO_4 + 2H_2O$

⑧ $2Mg + O_2$
　　　$\longrightarrow 2MgO$

⑨ $2H_2O_2$
　　　$\longrightarrow 2H_2O + O_2$

⑩ $2NaHCO_3 \longrightarrow$
　　　$Na_2CO_3 + H_2O + CO_2$

⑪ $CH_4 + 2O_2$
　　　$\longrightarrow CO_2 + 2H_2O$

⑫ $CaCO_3$
　　　$\longrightarrow CaO + CO_2$

⑬ $2Na + 2H_2O$
　　　$\longrightarrow 2NaOH + H_2$

⑭ $S + O_2 \longrightarrow SO_2$

⑮ $NaCl + AgNO_3$
　　　$\longrightarrow AgCl + NaNO_3$

解　説

● 化学反応の反応前の物質を反応物，
反応後の物質を生成物という。

● 化学反応を，化学式を用いて表し
たものを化学反応式という。

● 化学反応式では，反応物を左辺に，
生成物を右辺に書き，左辺と右辺
を矢印で結ぶ。

● 両辺の各原子の数が等しくなるよ
うに係数を決める。比は最も簡単
な整数比とし1の場合は省略する。

● イオン反応式では，両辺の電荷の
総和を等しくする。

● 燃焼とは，物質が酸素と反応して
光や熱を出す現象である。

● 沈殿物が生じる場合や，気体物質
が発生する場合は，化学反応式に
それぞれ「↓」，「↑」をつけて表
すことがある。

　　$CO_2 + Ca(OH)_2$
　　　　　　$\longrightarrow CaCO_3\downarrow + H_2O$
　　$FeS + 2HCl \longrightarrow FeCl_2 + H_2S\uparrow$

● 加熱や光を必要とするときや，触
媒を用いるときなど，「$\longrightarrow$」の
上や下に示すことがある。

　　$CaCO_3 \xrightarrow{\text{加熱}} CaO + CO_2$
　　$2H_2O_2 \xrightarrow{MnO_2} 2H_2O + O_2$

- プロパン C_3H_8 4.4 g に標準状態で 56 L の酸素 O_2 を混合して点火すると，C_3H_8 が完全燃焼し，二酸化炭素 CO_2 と水 H_2O が生じた。数値は有効数字 2 桁で答えよ。

$$C_3H_8 + 5O_2 \longrightarrow 3CO_2 + 4H_2O$$

A☐❶ 反応前の C_3H_8（分子量 44）は何 mol か。

$$\frac{[ア]\ g}{[イ]\ g/mol} = [ウ]\ mol$$

A☐❷ 反応前の O_2 は何 mol か。

$$\frac{[ア]\ L}{[イ]\ L/mol} = [ウ]\ mol$$

B☐❸ 残った O_2 の物質量は何 mol か。

反応の量的関係を示す。

mol	C_3H_8	+	$5O_2$	$\longrightarrow$	$3CO_2$	+	$4H_2O$
反応前	0.10		2.5		0		0
変化量	$-[ア]$		$-[イ]$		$+[ウ]$		$+[エ]$
反応後	0		$[オ]$		$[ウ]$		$[エ]$

残った O_2 は $[オ]$ mol である。

B☐❹ 生じた CO_2 は標準状態で何 L か。

標準状態のモル体積は 22.4 L/mol より，

$[ア]\ mol \times [イ]\ L/mol \fallingdotseq [ウ]\ L$

B☐❺ 生じた H_2O の質量は何 g か。

H_2O の分子量は 18 より，

$[ア]\ mol \times [イ]\ g/mol = [ウ]\ g$

❸のバランスシートは便利だね！

解 答

解 説

- 化学反応式の係数は，反応する粒子の個数の比を表している。

- 物質の個数の比と物質量の比は比例するので，化学反応式の係数の比は，物質量の比を表している。

❶ア：4.4
イ：44
ウ：0.10
❷ア：56
イ：22.4
ウ：2.5
❸ア：0.10
イ：0.50
ウ：0.30
エ：0.40
オ：2.0

- 気体反応では，化学反応式の係数の比は，同温同圧下における体積の比を表している（気体反応の法則）。

- 化学反応式の係数の比と質量の比は一致しない。ただし，質量の総和は反応前後で変化しない（質量保存の法則）。

- 気体は標準状態（$0\,℃$, $1.01×10^5$ Pa）において，種類によらず，$1\,mol$ の体積は $22.4\,L$ を占める。

❹ア：0.30
イ：22.4
ウ：6.7
❺ア：0.40
イ：18
ウ：7.2

- ❸ の変化量の比は，係数比に一致する。C_3H_8 の変化量を基準として計算する。

- 「C, H」または「C, H, O」からなる有機化合物に十分な酸素を供給して完全燃焼させると，二酸化炭素 CO_2 と水 H_2O が生じる。

- 2.4 g のマグネシウム Mg（原子量 24）に濃度 2.0 mol/L の塩酸を加えて反応させた。このとき，加えた塩酸の体積と発生した水素の体積の関係は図のようになった。ここで，発生した水素の体積は 0 ℃，1.013×10^5 Pa の状態における値である。数値は有効数字 2 桁で答えよ。

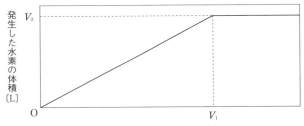

加えた塩酸の体積〔L〕

A☐❶　次の化学反応式を完成させよ。1 も入る。

Mg ＋［ア］HCl ⟶ ［イ］$MgCl_2$ ＋［ウ］H_2

A☐❷　反応前の Mg は何 mol か。

$$\frac{[ア] \text{ g}}{[イ] \text{ g/mol}} = [ウ] \text{ mol}$$

A☐❸　Mg と過不足なく反応した HCl は何 mol か。

Mg：HCl ＝ 1：［ア］より，

［イ］mol × ［ア］＝ ［ウ］mol

B☐❹　加えた塩酸の体積 V_1 は何 L か。

2.0 mol/L × V_1〔L〕＝ ［ア］mol

よって，V_1 ＝ ［イ］L

B☐❺　発生した水素は何 mol か。

Mg：H_2 ＝ 1：［ア］より，［イ］mol

B☐❻　発生した水素の体積 V_2 は何 L か。

V_2〔L〕＝ ［ア］mol × 22.4 L/mol ≒ ［イ］L

● グラフにおいて，縦軸もしくは横軸の一方の数値が決まると，もう一方の数値も反応の量的関係から必然的に決まってくる。

● マグネシウム Mg は水素 H_2 よりイオン化傾向が大きいので，Mg は塩酸中の H^+ に向かって電子を与えて陽イオンになり，H_2 が発生する。➡ 🔖53

● 塩酸とは塩化水素 HCl の水溶液なので，Mg と反応するのは HCl である。

● ❷ Mg の原子量は 24 より，モル質量は 24 g/mol。よって，Mg 2.4 g の物質量は，

$$\frac{2.4\ g}{24\ g/mol} = 0.10\ mol$$

● 物質 1 mol 当たりの体積をモル体積という。0℃，1.013×10^5 Pa の状態（標準状態）において，気体のモル体積は種類によらず，ほぼ 22.4 L/mol である。

● ❹ の溶液の体積と，❻ の気体の体積では，考え方が異なるので気をつけよう。

❶ア：2
　イ：1
　ウ：1
❷ア：2.4
　イ：24
　ウ：0.10
❸ア：2
　イ：0.10
　ウ：0.20
❹ア：0.20
　イ：0.10
❺ア：1
　イ：0.10
❻ア：0.10
　イ：2.2

A☑❶　アレーニウスの定義において，水に溶けて水素イオン H^+ を生じる物質を [ア] といい，水酸化物イオン OH^- を生じる物質を [イ] という。

$$HCl \longrightarrow H^+ + Cl^-$$
$$NaOH \longrightarrow Na^+ + OH^-$$

A☑❷　水溶液中に H^+ が多く存在するために示す性質を [ア]，OH^- が多く存在するために示す性質を [イ] という。

A☑❸　酸より生じた H^+ は，水溶液中では H_2O と結合して，[ア] として存在している。

$$HCl + H_2O \longrightarrow [イ] + Cl^-$$

A☑❹　次の物質を酸，塩基に分類せよ。

H_2SO_4, KOH, H_2S, $Ca(OH)_2$

A☑❺　ブレンステッド・ローリーの定義において，水素イオン H^+ を与える物質を [ア] といい，受け取る物質を [イ] という。

B☑❻　次の反応のうち，ブレンステッド・ローリーの定義における酸はどれか。

$$CH_3COOH + H_2O \rightleftharpoons CH_3COO^- + H_3O^+$$

B☑❼　次の反応のうち，ブレンステッド・ローリーの定義における塩基はどれか。

$$NH_3 + H_2O \rightleftharpoons NH_4^+ + OH^-$$

B☑❽　次の反応のうち，ブレンステッド・ローリーの定義における酸はどれか。

$$HCO_3^- + H_2O \rightleftharpoons H_2CO_3 + OH^-$$

B☑❾　次の反応のうち，ブレンステッド・ローリーの定義における塩基はどれか。

$$HSO_4^- + H_2O \rightleftharpoons SO_4^{2-} + H_3O^+$$

解　答

❶ア：酸
　イ：塩基(アルカリ)

❷ア：酸性
　イ：塩基性
　　　(アルカリ性)
❸ア：オキソニウムイ
　　　オン
　イ：H_3O^+
❹酸：H_2SO_4, H_2S
　塩基：KOH,
　　　　$Ca(OH)_2$
❺ア：酸
　イ：塩基
❻右向き：CH_3COOH
　左向き：H_3O^+

❼右向き：NH_3
　左向き：OH^-

❽右向き：H_2O
　左向き：H_2CO_3

❾右向き：H_2O
　左向き：SO_4^{2-}

解　説

● アレーニウスは 1887 年，電離説を提唱し，その考えを酸・塩基に応用した。

● H_3O^+ をオキソニウムイオンといい，水素イオン H^+ と省略している。

● 塩基のうち，水によく溶けるものをアルカリという。

● ⇄ は，反応が与えられた条件によってどちら向きにも進むことを示している（可逆反応）。

● ❼ のように，H^+ の授受で相互に変わる関係にある酸・塩基の対を共役な酸塩基対といい，このとき NH_4^+ を NH_3 の共役酸，OH^- を H_2O の共役塩基という。

$$NH_3 + H_2O \rightleftharpoons NH_4^+ + OH^-$$
　塩基　　　酸　　　　　共役酸　共役塩基

● 酸性水溶液は酸味を示し，青色リトマス紙を赤色に変える。このような性質を酸性といい，酸性を示す物質を酸という。

● 塩基性水溶液は，赤色リトマス紙を青色に変える。このような性質を塩基性（アルカリ性）といい，塩基性を示す物質を塩基（アルカリ）という。

40 酸・塩基の分類

A⬜ ❶ 電離度（電離している割合）を求める式を示せ。

$$\text{電離度 } \alpha = \frac{[\text{ア}]\text{電解質の物質量〔mol〕}}{[\text{イ}]\text{電解質の物質量〔mol〕}}$$

C⬜ ❷ 電離度は濃度や温度によって変化する。一般に濃度が［ア］く，温度が［イ］いほど大きくなる。

A⬜ ❸ 電離度が1に近い酸・塩基を何というか。

A⬜ ❹ 電離度が1よりもかなり小さい酸・塩基を何というか。

A⬜ ❺ 次の酸のうち，弱酸はどれか。

HCl, HNO_3, CH_3COOH, H_2SO_4, H_2S, $H_2C_2O_4$

A⬜ ❻ 次の塩基のうち，弱塩基はどれか。

$NaOH$, KOH, NH_3, $Mg(OH)_2$, $Ca(OH)_2$, $Cu(OH)_2$

A⬜ ❼ 酸1分子から生じる H^+ の数，塩基の化学式中から生じる OH^- の数，または受け取ることのできる H^+ の数を，酸・塩基の［　］という。

A⬜ ❽ 次の酸・塩基のうち，1価のものを答えよ。

CH_3COOH, $H_2C_2O_4$, NH_3, $Ba(OH)_2$

C⬜ ❾ H_2S のような2価の酸は，二段階で電離する。

$H_2S \rightleftharpoons H^+ + [\text{ア}]$ 　　　第一電離

$[\text{ア}] \rightleftharpoons H^+ + [\text{イ}]$ 　　　第二電離

第一電離と第二電離では，［ウ］のほうが電離度が大きい。

B⬜ ❿ CO_2 や SO_2 のように，酸のはたらきをする非金属元素の酸化物を何というか。

B⬜ ⓫ Na_2O や CaO のように，塩基のはたらきをする金属元素の酸化物を何というか。

B⬜ ⓬ Al_2O_3 や ZnO のように，酸とも塩基とも反応する酸化物を何というか。

解　答

❶ア：電離した
　イ：溶解した

❷ア：小さ
　イ：高
❸強酸・強塩基
❹弱酸・弱塩基

❺ CH₃COOH，H₂S，
　H₂C₂O₄
❻ NH₃，Mg(OH)₂，
　Cu(OH)₂
❼価数

❽ CH₃COOH，NH₃

❾ア：HS⁻
　イ：S²⁻
　ウ：第一電離

❿酸性酸化物

⓫塩基性酸化物

⓬両性酸化物

解　説

● $H_2C_2O_4$ はシュウ酸といい，2 価の弱酸である。

● NH_3 は 1 価の弱塩基である。

● **おもな酸・塩基の強弱**

強酸	HCl，HNO_3，H_2SO_4
弱酸	CH_3COOH，H_2S，CO_2，$H_2C_2O_4$，H_3PO_4（中程度）
強塩基	NaOH，KOH，$Ca(OH)_2$，$Ba(OH)_2$
弱塩基	NH_3，$Mg(OH)_2$，$Cu(OH)_2$，$Fe(OH)_3$

上の表の物質の強酸と強塩基を覚えよう。残りは弱酸と弱塩基。

● CO_2 と SO_2 を水に溶かすと，一部が次のように反応する。
$$CO_2 + H_2O \rightleftharpoons H_2CO_3$$
$$SO_2 + H_2O \rightleftharpoons H_2SO_3$$

● Na_2O，CaO を水に溶かすと，次のように反応する。
$$Na_2O + H_2O \longrightarrow 2NaOH$$
$$CaO + H_2O \longrightarrow Ca(OH)_2$$

● Al_2O_3 は次のように反応する。
$$Al_2O_3 + 6HCl$$
$$\longrightarrow 2AlCl_3 + 3H_2O$$
$$Al_2O_3 + 3H_2O + 2NaOH$$
$$\longrightarrow 2Na[Al(OH)_4]$$

水の電離と pH

A☐❶ 純粋な水は，わずかに電離して水素イオン H^+ と水酸化物イオン OH^- を生じる。この反応を，イオン反応式で示せ。

A☐❷ 25℃の純水において，水素イオン濃度 $[H^+]$，水酸化物イオン濃度 $[OH^-]$ はそれぞれ何 mol/L になるか。

C☐❸ 水溶液中では $[H^+]$ と $[OH^-]$ の積が25℃のとき，つねに 1.0×10^{-14} $(mol/L)^2$ になる。この値 K_W を何というか。

$$K_W = [H^+][OH^-] = 1.0 \times 10^{-14} \ (mol/L)^2$$

B☐❹ 水溶液の $[H^+]$ が 1.0×10^{-x} mol/L のときの x をこの水溶液の何というか。

C☐❺ ❹は水溶液の何の程度を表しているか。

C☐❻ ❹の値を測定する器具の名称を答えよ。

B☐❼ 水素イオン濃度 $[H^+]$ が 1.0×10^{-3} mol/L の水溶液は何性か。また pH はいくつか。

B☐❽ 水素イオン濃度 $[H^+]$ が 1.0×10^{-10} mol/L の水溶液は何性か。また pH はいくつか。

B☐❾ 水酸化物イオン濃度 $[OH^-]$ が 1.0×10^{-2} mol/L の水溶液は何性か。また，pH はいくつか。

B☐❿ pH が 2 大きくなると，$[H^+]$ は何倍になるか。

B☐⓫ pH が 1 小さくなると，$[H^+]$ は何倍になるか。

B☐⓬ pH = 1 の塩酸を 100 倍に薄めると，pH はいくつになるか。

B☐⓭ pH = 5 の塩酸を 1000 倍に薄めると pH はおよそいくつになるか。

解 答

解 説

❶ $H_2O \rightleftharpoons H^+ + OH^-$

● 水素イオンのモル濃度は $[H^+]$，水酸化物イオンのモル濃度は $[OH^-]$ で表す。

❷ $[H^+] = [OH^-]$
$= 1.0 \times 10^{-7} \, mol/L$

	酸性						中性	塩基性						
	強					弱	弱						強	
$[H^+]$ (mol/L)	1	10^{-1}	10^{-2}	10^{-3}	10^{-4}	10^{-5}	10^{-6}	10^{-7}	10^{-8}	10^{-9}	10^{-10}	10^{-11}	10^{-12}	10^{-13}	10^{-14}
$[OH^-]$ (mol/L)	10^{-14}	10^{-13}	10^{-12}	10^{-11}	10^{-10}	10^{-9}	10^{-8}	10^{-7}	10^{-6}	10^{-5}	10^{-4}	10^{-3}	10^{-2}	10^{-1}	1
pH	0	1	2	3	4	5	6	7	8	9	10	11	12	13	14

❸ 水のイオン積

● 水素イオン指数 pH は，水溶液中の水素イオン濃度 $[H^+]$ の大きさを示す指標である。

❹ pH
（水素イオン指数）

❺ 酸性，塩基性の強さ

● pH が 7 より小さいほど酸性が強く，7 より大きいほど塩基性が強い。

❻ pH メーター，pH
試験紙など

❼ 酸性，3

❽ 塩基性，10

● ⓭ の pH は 8 にはならない。

❾ 塩基性，12

● 酸性の水溶液をいくら薄めても，pH = 7 を超えて塩基性になることはない。薄い水溶液では，水の電離により生じる $[H^+]$ を無視できなくなるためである。

❿ $\frac{1}{100}$ 倍 $\left(\frac{1}{10^2}\right.$ 倍 $\left.\right)$

⓫ 10 倍

● 1000 倍希釈＝濃度 $\frac{1}{1000}$ 倍

⓬ 3

⓭ 約 7

pHの計算は
難しいね…

B☑❶　0.010 mol/L の塩酸の pH を求めよ。

　　　　[H⁺] = 0.010 mol/L × [ア]（電離度）

$$[H^+] = 0.010 \text{ mol/L} \times [ア]（電離度）$$

　　　　　　= [イ] mol/L

　　　　pH = [ウ]

B☑❷　0.050 mol/L の酢酸水溶液の pH を求めよ。電離度を 0.020 とする。

　　　　[H⁺] = 0.050 mol/L × [ア]（電離度）

　　　　　　= [イ]

　　　　pH = [ウ]

B☑❸　0.040 mol/L のアンモニア水の pH を求めよ。電離度を 0.025 とする。

　　　　[OH⁻] = 0.040 mol/L × [ア]（電離度）

　　　　　　 = [イ] mol/L

$$[H^+] = \frac{K_w}{[OH^-]} = \frac{[ウ]}{[エ]} = [オ] \text{ mol/L}$$

　　　　pH = [カ]

B☑❹　0.010 mol/L の水酸化ナトリウム水溶液を 100 倍薄めた水溶液の pH を求めよ。

　　　　[OH⁻] = 0.010 mol/L × [ア] × $\frac{1}{100}$（電離度）

　　　　　　 = [イ] mol/L

　　　　[H⁺] = [ウ] mol/L, pH = [エ]

A☑❺　pH によって色が変わることを利用して，水溶液の pH を調べるのに使われる試薬を何というか。

A☑❻　❺ は pH によって変色する範囲が決まっている。この範囲を何というか。

A☑❼　フェノールフタレインの ❻ は pH 8.0～9.8 である。この間では何色から何色に変化するか。

A☑❽　メチルオレンジの ❻ は pH 3.1～4.4 である。この間では何色から何色に変化するか。

解　答

❶ ア：1
イ：1.0×10^{-2}
ウ：2.0

❷ ア：0.020
イ：1.0×10^{-3}
ウ：3.0

❸ ア：0.025
イ：1.0×10^{-3}
ウ：1.0×10^{-14}
エ：1.0×10^{-3}
オ：1.0×10^{-11}
カ：11

❹ ア：$\dfrac{1}{100}$
イ：1.0×10^{-4}
ウ：1.0×10^{-10}
エ：10

❺ 指示薬（pH 指示薬）

❻ 変色域

❼ 無色～赤色

❽ 赤色～黄色

解　説

● 強酸・強塩基の電離度は 1 と見なしてよい。

● $[H^+]$ が大きいほど，また pH が小さいほど酸性は強くなる。

● **水素イオン濃度を求める式**
　酸の濃度 C〔mol/L〕
　　$[H^+] = C\text{〔mol/L〕} \times \alpha \text{（電離度）}$

● $[OH^-]$ から $[H^+]$ を求めるには，水のイオン積を用いる。
　$K_w = [H^+] \times [OH^-]$ より，
　　$$[H^+] = \frac{K_w}{[OH^-]}$$

● 25℃ で純粋な水では，
　$[H^+] = [OH^-] = 1.0 \times 10^{-7}\text{mol/L}$
　より，25℃ での水のイオン積 K_w は，
　　$K_w = [H^+][OH^-]$
　　　$= 1.0 \times 10^{-14}\ (\text{mol/L})^2$

● **指示薬の色の変化**

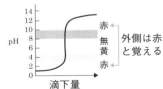

フェノールフタレインの変色域
メチルオレンジの変色域

テーマ 43 　中和反応と塩の分類

A☐ ❶ 酸から生じる H^+ と，塩基から生じる OH^- が反応して互いの性質を打ち消し合う反応を何というか。

A☐ ❷ 酸から生じる H^+ と，塩基から生じる OH^- が反応すると，[ア]が生じる。

$$H^+ + OH^- \longrightarrow [イ]$$

A☐ ❸ HCl と NaOH の反応で生じた NaCl のような酸の陰イオンと塩基の陽イオンからなる化合物は何か。

$$HCl + NaOH \longrightarrow H_2O + NaCl$$

B☐ ❹ シュウ酸と水酸化カリウムの中和反応を示せ。

$$[ア] + 2KOH \longrightarrow [イ] + 2H_2O$$

B☐ ❺ 酢酸と水酸化ナトリウムの中和反応を示せ。

$$[ア] + NaOH \longrightarrow [イ] + H_2O$$

B☐ ❻ 塩酸と水酸化バリウムの中和反応を示せ。

$$2HCl + [ア] \longrightarrow [イ] + 2H_2O$$

B☐ ❼ 硫酸とアンモニアの中和反応を示せ。

$$H_2SO_4 + [ア] \longrightarrow [イ]$$

A☐ ❽ NaCl，K_2SO_4，NH_4Cl のように，酸の H^+ も塩基の OH^- も残っていない塩を何というか。

A☐ ❾ $NaHCO_3$，$NaHSO_4$ のように，酸の H^+ が残っている塩を何というか。

A☐ ❿ $MgCl(OH)$ や $CuCl(OH)$ のように，塩基の OH^- が残っている塩を何というか。

A☐ ⓫ ❽〜❿ の名称はそれらの水溶液が示す性質とは関係[　]。

C☐ ⓬ H_3PO_4 と NaOH の反応によって生じる可能性のある塩の化学式をすべて書け。

$$H_3PO_4 + NaOH \longrightarrow [ア] + H_2O$$

$$[ア] + NaOH \longrightarrow [イ] + H_2O$$

$$[イ] + NaOH \longrightarrow [ウ] + H_2O$$

解　答

❶中和（反応）

❷ア：水
　イ：H_2O

❸塩

❹ア：$H_2C_2O_4$
　イ：$K_2C_2O_4$

❺ア：CH_3COOH
　イ：CH_3COONa

❻ア：$Ba(OH)_2$
　イ：$BaCl_2$

❼ア：$2NH_3$
　イ：$(NH_4)_2SO_4$

❽正塩

❾酸性塩

❿塩基性塩

⓫ない

⓬ア：NaH_2PO_4
　イ：Na_2HPO_4
　ウ：Na_3PO_4

解　説

● 中和反応において，酸の陰イオンと塩基の陽イオンとから生成する化合物を塩という。

　　酸＋塩基 ⟶ 塩＋水

● H_2SO_4 と NaOH とからできる塩には，加える NaOH の量によって正塩の Na_2SO_4 と，酸性塩の $NaHSO_4$ の場合がある。

　　$H_2SO_4 + 2NaOH$
　　　　　　　$\longrightarrow Na_2SO_4 + 2H_2O$
　　$H_2SO_4 + NaOH$
　　　　　　　$\longrightarrow NaHSO_4 + H_2O$

● $Ca(OH)_2$ と HCl からできる塩は，加える HCl の量により，正塩の $CaCl_2$ と，塩基性塩の $CaCl(OH)$ の場合がある。

　　$Ca(OH)_2 + 2HCl$
　　　　　　　$\longrightarrow CaCl_2 + 2H_2O$
　　$Ca(OH)_2 + HCl$
　　　　　　　$\longrightarrow CaCl(OH) + H_2O$
　　　　　　　塩化水酸化カルシウム

● **塩基性塩**
$MgCl(OH)$：塩化水酸化マグネシウム
$CuCl(OH)$：塩化水酸化銅（Ⅱ）

● NaH_2PO_4：リン酸二水素ナトリウム
Na_2HPO_4：リン酸水素二ナトリウム
Na_3PO_4：リン酸ナトリウム

B☐❶ CH_3COONa は，弱酸と強塩基の塩なので，水溶液は次のように加水分解をして［**ア**］性を示す。

$$CH_3COO^- + H_2O \rightleftharpoons CH_3COOH + ［イ］$$

B☐❷ NH_4Cl は強酸と弱塩基の塩なので，その水溶液は次のように加水分解をして［**ア**］性を示す。

$$NH_4^+ + H_2O \rightleftharpoons NH_3 + ［イ］$$

B☐❸ $NaCl$ は，強酸と強塩基の塩なので，その水溶液は［ ］性を示す。

$$NaCl \longrightarrow Na^+ + Cl^-$$

B☐❹ $NaHCO_3$ は酸性塩で，その水溶液は次のように反応して［**ア**］性を示す。

$$HCO_3^- + H_2O \rightleftharpoons H_2CO_3 + ［イ］$$

B☐❺ $NaHSO_4$ は酸性塩で，その水溶液は次のように反応して［**ア**］性を示す。

$$HSO_4^- + H_2O \rightleftharpoons SO_4^{2-} + ［イ］$$

C☐❻ 次の塩の水溶液は何性を示すか。

$CaCl_2$, $CuSO_4$, Na_3PO_4, Na_2SO_4

B☐❼ 弱酸の塩である CH_3COONa に強酸である HCl を加えると，CH_3COO^- が H^+ を受け取り，弱酸である［**ア**］が生じた。

$$CH_3COONa + HCl \longrightarrow NaCl + ［イ］$$

B☐❽ 弱塩基の塩である NH_4Cl に強塩基である $NaOH$ を加えると，NH_4^+ が OH^- に H^+ を与えて，弱塩基である［**ア**］が生じた。

$$NH_4Cl + NaOH \longrightarrow NaCl + H_2O + ［イ］$$

C☐❾ 揮発性の酸の塩である $NaCl$ に不揮発性の酸である濃硫酸を加えて加熱すると，揮発性の酸である［**ア**］が生じた。

$$NaCl + H_2SO_4 \longrightarrow NaHSO_4 + ［イ］$$

解　答

❶ア：塩基
　イ：OH^-

❷ア：酸
　イ：H_3O^+

❸中

❹ア：塩基
　イ：OH^-

❺ア：酸
　イ：H_3O^+

❻ $CaCl_2$ ：中性
　 $CuSO_4$ ：酸性
　 Na_3PO_4：塩基性
　 Na_2SO_4：中性
❼ア：酢酸 (CH₃COOH)
　イ：CH_3COOH
❽ア：アンモニア (NH₃)
　イ：NH_3

❾ア：塩化水素 (HCl)
　イ：HCl

解　説

● 弱酸と強塩基，強酸と弱塩基から
生じた塩が，水と反応してもとの
弱酸や弱塩基を生じ，水溶液が酸
性や塩基性を示すことを，塩の加
水分解という。

● **塩の水溶液の液性**

酸	塩基	液性	例
強	弱	酸性	$(NH_4)_2SO_4$
弱	強	塩基性	K_2CO_3
強	強	中性	KNO_3

● 酸性塩の水溶液が酸性になるとは
限らない。
酸性：$NaHSO_4$，$NaHSO_3$，NaH_2PO_4
塩基性：$NaHCO_3$，Na_2HPO_4

● 弱酸の塩＋強酸
　　　　　　　⟶ 強酸の塩＋弱酸
弱塩基の塩＋強塩基
　　　　　　　⟶ 強塩基の塩＋弱塩基
の反応が起こる。このような反応
を弱酸の遊離，弱塩基の遊離とい
う。

● 揮発性とは常温常圧で容易に気体
となる性質。塩化や硝酸，酢酸な
どは揮発性，硫酸やリン酸，シュ
ウ酸は不揮発性。

テーマ 45 ‖ 中和反応の量的関係

A☐❶ 酸と塩基が過不足なく中和するとき，次のような
量的関係が成り立つ。

酸が出した［ア］＝塩基が出した［イ］

B☐❷ 濃度が未知の酢酸水溶液 10 mL を中和するのに，
0.10 mol/L 水酸化ナトリウム水溶液を 5.0 mL 要し
た。酢酸水溶液の濃度 x〔mol/L〕を次の式で求める。

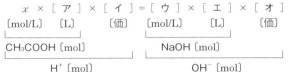

x × ［ア］ × ［イ］ ＝ ［ウ］ × ［エ］ × ［オ］
〔mol/L〕 〔L〕 〔価〕 〔mol/L〕 〔L〕 〔価〕

CH₃COOH〔mol〕 ──── NaOH〔mol〕

H⁺〔mol〕 ──── OH⁻〔mol〕

B☐❸ ❷の x は何 mol/L になるか。

B☐❹ 濃度が 0.25 mol/L の塩酸 8.0 mL を 0.10 mol/L
の水酸化バリウム水溶液で中和した。

中和に必要な水酸化バリウム水溶液の体積 y〔mL〕
を次の式で求める。

［ア］ × ［イ］ × ［ウ］ ＝ ［エ］ × $\dfrac{y}{1000}$ × ［オ］
〔mol/L〕 〔L〕 〔価〕 〔mol/L〕 〔L〕 〔価〕

H⁺〔mol〕 ──── OH⁻〔mol〕

B☐❺ ❹の y は何 mL になるか。

B☐❻ 固体の水酸化ナトリウム 1.0 g の中和に 0.50 mol/L
の硫酸水溶液を用いた。

中和に必要な硫酸水溶液の体積 z〔mL〕を次の式
で求める。NaOH の式量を 40 とする。

［ア］ × $\dfrac{z}{1000}$ × ［イ］ ＝ ［ウ］ × ［エ］
〔mol/L〕 〔L〕 〔価〕 〔mol〕 〔価〕

H⁺〔mol〕 ──── OH⁻〔mol〕

B☐❼ ❻の z は何 mL になるか。

解　答

❶ ア：H^+の物質量

イ：OH^-の物質量

❷ ア：$\dfrac{10}{1000}$

イ：1

ウ：0.10

エ：$\dfrac{5.0}{1000}$

オ：1

❸ 0.050 mol/L

❹ ア：0.25

イ：$\dfrac{8.0}{1000}$

ウ：1

エ：0.10

オ：2

❺ 10 mL

❻ ア：0.50

イ：2

ウ：$\dfrac{1.0}{40}$

エ：1

❼ 25 mL

解　説

● 中和点では，次の式が成り立つ。

　酸の物質量×酸の価数

　　＝塩基の物質量×塩基の価数

● 中和の量的関係に酸・塩基の強さは関係ないので，電離度は式に入らない。

● ❷ の実験のイメージ

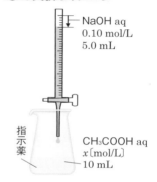

NaOH aq
0.10 mol/L
5.0 mL

指示薬

CH₃COOH aq
x〔mol/L〕
10 mL

● 物質量〔mol〕

　＝濃度〔mol/L〕×体積〔L〕

　単位どうしも計算できる。

● 中和反応

❷：$CH_3COOH + NaOH$
　　$\longrightarrow CH_3COONa + H_2O$

❹：$2HCl + Ba(OH)_2$
　　$\longrightarrow BaCl_2 + 2H_2O$

❻：$H_2SO_4 + 2NaOH$
　　$\longrightarrow Na_2SO_4 + 2H_2O$

A☐❶ 濃度既知の酸（塩基）を用い，濃度不明の塩基（酸）の濃度を決める操作を何というか。

A☐❷ 酸と塩基が過不足なく中和したときを何というか。

A☐❸ 次の実験器具の名称を答えよ。

ア　　　　イ　　　　ウ　　　　エ

B☐❹ 一定体積の液体を正確にはかりとる器具の記号を答えよ。

B☐❺ 溶液を薄めるときに使う器具の記号を答えよ。

B☐❻ 滴下した溶液の体積を正確にはかる器具の記号を答えよ。

A☐❼ 用いる溶液で数回洗ってから使用する器具をすべて選び，記号で答えよ。

A☐❽ 蒸留水で洗浄してぬれたまま用いてよい器具をすべて選び，記号で答えよ。

A☐❾ 加熱乾燥してはいけない器具をすべて選び，記号で答えよ。

B☐❿ ウに溶液を入れたところ，下の図のようであった。目盛りは何 mL と読めるか。

解 答

❶中和滴定

❷中和点

❸ア：メスフラスコ
　イ：ホールピペット
　ウ：ビュレット
　エ：コニカルビーカー

❹イ

❺ア

❻ウ

❼イ，ウ

❽ア，エ

❾ア，イ，ウ

❿ 9.65 mL
　（±0.01 mL）

解 説

● ❼ の操作は，容器内の濃度を変えたくないときに行う。

● ❽ の操作のまま実験を行ってよいのは，容器内の溶質の量が変わらないからである。

●加熱すると，ガラスの熱膨張などで目盛りがくるってしまうので，体積を正確に測定するガラス器具は，加熱乾燥してはいけない。

●ビュレットは，最小目盛りの $\frac{1}{10}$ まで読み取って記録する。

●ビュレットの先端まで溶液を満たしてから滴下を始める。

● ❿ の目盛りは 0.1 mL 刻みになっているので，その $\frac{1}{10}$ の 0.01 mL まで読める。

●細管の中に液体を入れると，液体の表面は平らではなく，表面張力によって曲面となる。これをメニスカスという。

●目線が液面に対して水平になるように，液面の底の数値を読む。

B☑❶ 中和滴定で，加えた酸や塩基の体積と，混合溶液のpHとの関係を示した図を何というか。

B☑❷ 酸と塩基が過不足なく反応して，中和反応が完了する点を何というか。

B☑❸ ❷付近でのpHの変化の特徴を答えよ。

B☑❹ 中和点は必ず中性 {である・とは限らない}。

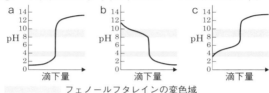

▨▨▨▨▨▨▨▨▨ フェノールフタレインの変色域
▨▨▨▨▨▨ メチルオレンジの変色域

A☑❺ 塩酸－水酸化ナトリウム水溶液の滴定曲線は図のa〜cのどれか。また，フェノールフタレインとメチルオレンジのどちらの指示薬を用いればよいか。

A☑❻ 酢酸水溶液－水酸化ナトリウム水溶液の滴定曲線は図のa〜cのどれか。また，フェノールフタレインとメチルオレンジのどちらの指示薬を用いればよいか。

A☑❼ アンモニア水－塩酸の滴定曲線は図のa〜cのどれか。また，フェノールフタレインとメチルオレンジのどちらの指示薬を用いればよいか。

• 次の中和滴定に用いる指示薬として適当なものを，フェノールフタレイン，メチルオレンジより選べ。

A☑❽ シュウ酸水溶液－水酸化ナトリウム水溶液

A☑❾ 硫酸水溶液－アンモニア水

A☑❿ 塩酸－水酸化バリウム水溶液

解　答

❶滴定曲線

❷中和点

❸急激な変化が見られる
❹とは限らない

❺ a，どちらでもよい

❻ c，フェノールフタ
レイン

❼ b，メチルオレンジ

❽フェノールフタレイン
❾メチルオレンジ
❿どちらでもよい

解　説

● 強酸－強塩基の中和滴定では，中和点は中性である。

● 弱酸－強塩基の中和滴定では，生じた塩が加水分解して，中和点は塩基性になる。

● 強酸－弱塩基の中和滴定では，生じた塩が加水分解して，中和点は酸性になる。

● 弱酸－弱塩基の中和滴定では，中和点はほぼ中性である。

● 指示薬は，中和点付近に変色域があるものを用いる。
　強酸－強塩基の中和滴定➡グラフ a
　　フェノールフタレインとメチルオレンジのどちらでもよい。
　弱酸－強塩基の中和滴定➡グラフ c
　　フェノールフタレイン
　強酸－弱塩基の中和滴定➡グラフ b
　　メチルオレンジ

● 弱酸－弱塩基の中和滴定では pH の変化が小さいので，適当な指示薬はない。

● 指示薬の変色域➡ 42

● ❽ は弱酸－強塩基の中和滴定，
　 ❾ は強酸－弱塩基の中和滴定，
　 ❿ は強酸－強塩基の中和滴定。

酸化・還元の定義

A☐❶　銅が酸素を受け取って酸化銅(Ⅱ)になる反応を何というか。

$$2Cu + O_2 \longrightarrow 2CuO$$

A☐❷　酸化銅(Ⅱ)が水素と反応して酸素を失い銅になる反応を何というか。

$$CuO + H_2 \longrightarrow Cu + H_2O$$

A☐❸　硫化水素が酸素と反応して水素を失い硫黄(いおう)になる反応を何というか。

$$2H_2S + O_2 \longrightarrow 2S + 2H_2O$$

A☐❹　窒素(ちっそ)が水素を受け取ってアンモニアになる反応を何というか。

$$N_2 + 3H_2 \longrightarrow 2NH_3$$

A☐❺　$2Cu + O_2 \longrightarrow 2CuO$ を電子(でんし)の授受(じゅじゅ)で表す。

$$Cu \longrightarrow Cu^{2+} + 2e^- \qquad O_2 + 4e^- \longrightarrow 2O^{2-}$$

Cu のように電子を失う反応を [ア]，O_2 のように電子を受け取る反応を [イ] という。

A☐❻　$CuO + H_2 \longrightarrow Cu + H_2O$ を電子の授受で表す。

$$H_2 \longrightarrow [ア] \qquad [イ] \longrightarrow Cu$$

H_2 は [ウ] され，CuO は [エ] された。

A☐❼　$2KI + Cl_2 \longrightarrow 2KCl + I_2$ を電子の授受で表す。

$$2I^- \longrightarrow [ア] \qquad [イ] \longrightarrow 2Cl^-$$

KI は [ウ] され，Cl_2 は [エ] された。

• 次の下線部の物質は酸化されているか，還元(かんげん)されているか。

B☐❽　$2\underline{Mg} + O_2 \longrightarrow 2MgO$

B☐❾　$\underline{Fe_2O_3} + 3CO \longrightarrow 2Fe + 3CO_2$

B☐❿　$H_2S + \underline{I_2} \longrightarrow S + 2HI$

B☐⓫　$MnO_2 + 4\underline{HCl} \longrightarrow MnCl_2 + 2H_2O + Cl_2$

B☐⓬　$\underline{Na} \longrightarrow Na^+ + e^-$

B☐⓭　$\underline{Cl_2} + 2e^- \longrightarrow 2Cl^-$

| 解　答 | 解　説 |

解答（左列）

❶酸化

❷還元

❸酸化

❹還元

❺ア：酸化
　イ：還元
❻ア：$2H^+ + 2e^-$
　イ：$Cu^{2+} + 2e^-$
　ウ：酸化
　エ：還元
❼ア：$I_2 + 2e^-$
　イ：$Cl_2 + 2e^-$
　ウ：酸化
　エ：還元

❽酸化（O を受け取る）
❾還元（O を失う）
❿還元（H を受け取る）
⓫酸化（H を失う）
⓬酸化（e^- を失う）
⓭還元（e^- を受け取る）

解説（右列）

● 酸化・還元の定義のまとめ

授受	酸化	還元
酸素O	受け取る	失う
水素H	失う	受け取る
電子 e^-	失う	受け取る
酸化数	増加	減少

● 酸化と還元はつねに同時に起こる。この反応を酸化還元反応という。

● 酸化反応は酸化された，還元反応は還元されたという受身形の言い方をする。

● ハロゲン単体の酸化力

　$F_2 > Cl_2 > Br_2 > I_2$
原子核から最外殻電子までの距離が短いほど，電子を引きつける力は強くなる。

● 電子の割り当てと酸化数
分子内の共有電子対は，電気陰性度（➡ ✓23）の大きいほうに割り当てると考え，原子との電子数のずれが酸化数になる。

水 H₂O

　H^+　$(:\ddot{O}:)^{2-}$　H^+
　$+1$　-2　$+1$ ←酸化数

過酸化水素 H₂O₂

　H^+　$(:\ddot{O}:\ddot{O}:)$　H^+
　$+1$　-1　-1　$+1$ ←酸化数

　酸化数，酸化剤・還元剤

A □ ❶　H_2 や O_2，Cu，Al など単体の酸化数はいくつか。

A □ ❷　H_2O 中の H の酸化数は [ア]，O の酸化数は [イ] となる。

A □ ❸　$H\underline{N}O_3$ の下線の原子の酸化数を求めよ。
　　総和 = (+1) + [　] + (−2) × 3 = 0

A □ ❹　$K\underline{Mn}O_4$ の下線の原子の酸化数を求めよ。
　　総和 = (+1) + [　] + (−2) × 4 = 0

A □ ❺　$H_2\underline{O}_2$ の下線の原子の酸化数を求めよ。
　　総和 = (+1) × 2 + [　] × 2 = 0

A □ ❻　$\underline{S}O_4^{2-}$ の下線の原子の酸化数を求めよ。
　　総和 = [　] + (−2) × 4 = −2

A □ ❼　$\underline{N}H_4^+$ の下線の原子の酸化数を求めよ。
　　総和 = [　] + (+1) × 4 = +1

A □ ❽　化学反応で，ある元素の酸化数が増加したとき，その元素は [　] されたという。

A □ ❾　化学反応で，ある元素の酸化数が減少したとき，その元素は [　] されたという。

A □ ❿　電子を奪って自分は還元され，相手を酸化するはたらきをする物質を [　] 剤という。

A □ ⓫　電子を与えて自分は酸化され，相手を還元するはたらきをする物質を [　] 剤という。

• 下線を引いた原子について，反応前後の酸化数を答えよ。

B □ ⓬　$4\underline{Fe} + 3O_2 \longrightarrow 2\underline{Fe}_2O_3$

B □ ⓭　$H_2S + \underline{I}_2 \longrightarrow S + 2H\underline{I}$

B □ ⓮　$\underline{Mn}O_2 + 4HCl \longrightarrow \underline{Mn}Cl_2 + 2H_2O + Cl_2$

B □ ⓯　$2KMnO_4 + 3H_2SO_4 + 5H_2\underline{C}_2O_4$
　　　$\longrightarrow 2MnSO_4 + 8H_2O + 10\underline{C}O_2 + K_2SO_4$

解　答

❶ 0
❷ ア：+1
　 イ：-2
❸ +5

❹ +7

❺ -1

❻ +6

❼ -3

❽ 酸化

❾ 還元

❿ 酸化

⓫ 還元

⓬ 0 ⟶ +3
⓭ 0 ⟶ -1
⓮ +4 ⟶ +2
⓯ +3 ⟶ +4

解　説

● 酸化数は電子のかたよりの状態を表している数値で、+は酸化、-は還元されている。よって、必ず符号をつけなければならない。

● 酸化数の決め方
　❶：単体の原子＝0
　❷：単原子イオン
　　　＝イオンの価数
　❸：化合物中のH原子＝+1
　❹：化合物中のO原子＝-2
　❺：化合物中の成分原子の酸化数の総和＝0
　❻：多原子イオンの成分原子の酸化数の総和＝イオンの価数

● 過酸化水素 H_2O_2 のOの酸化数は-1、水素化ナトリウム NaH のHの酸化数は-1とする。

● 酸化還元反応の言い方
酸化された、酸化反応、還元剤、還元力、還元性、還元作用はすべて同じ反応に用いる。
　⓬：Fe ➡ 酸化された、還元剤
　⓭：I_2 ➡ 還元された、酸化剤
　⓮：MnO_2 ➡ 還元された、酸化剤
　⓯：$H_2C_2O_4$ ➡ 酸化された、還元剤

A☐❶ KMnO₄（酸性条件）の半反応式をつくるには，まず，何が何に変化するかを覚える。

$$MnO_4^- \longrightarrow [\quad]$$

A☐❷ ❶ の左右両辺の O 原子の数を H₂O で合わせる。

$$MnO_4^- \longrightarrow Mn^{2+} + [\quad] H_2O$$

A☐❸ ❷ の左右両辺の H 原子の数を H⁺で合わせる。

$$MnO_4^- + [\quad] H^+ \longrightarrow Mn^{2+} + 4H_2O$$

A☐❹ ❸ の左右両辺の電荷を e⁻で合わせる。

$$MnO_4^- + 8H^+ + [\quad] e^- \longrightarrow Mn^{2+} + 4H_2O$$

• 次の酸化剤の半反応式を完成せよ。

B☐❺ $Cr_2O_7^{2-} + [\quad] + [\quad] \longrightarrow 2Cr^{3+} + [\quad]$

B☐❻ $H_2O_2 + [\quad] + [\quad] \longrightarrow 2H_2O$

B☐❼ $O_3 + [\quad] + [\quad] \longrightarrow O_2 + [\quad]$

B☐❽ $HNO_3 （希） + [\quad] + [\quad] \longrightarrow NO + [\quad]$

B☐❾ $HNO_3 （濃） + [\quad] + [\quad] \longrightarrow NO_2 + [\quad]$

B☐❿ $H_2SO_4 （熱濃） + [\quad] + [\quad] \longrightarrow SO_2 + [\quad]$

B☐⓫ $SO_2 + [\quad] + [\quad] \longrightarrow S + [\quad]$

B☐⓬ $I_2 + [\quad] \longrightarrow 2I^-$

• 次の還元剤の半反応式を完成せよ。

B☐⓭ $SO_2 + [\quad] \longrightarrow SO_4^{2-} + [\quad] + [\quad]$

B☐⓮ $H_2S \longrightarrow S + [\quad] + [\quad]$

B☐⓯ $H_2O_2 \longrightarrow O_2 + [\quad] + [\quad]$

B☐⓰ $C_2O_4^{2-} \longrightarrow 2CO_2 + [\quad]$

B☐⓱ $Cu \longrightarrow Cu^{2+} + [\quad]$

B☐⓲ $Fe^{2+} \longrightarrow Fe^{3+} + [\quad]$

B☐⓳ $2I^- \longrightarrow I_2 + [\quad]$

解　答

❶ Mn^{2+}

❷ 4

❸ 8

❹ 5

❺ $14H^+$, $6e^-$, $7H_2O$
❻ $2H^+$, $2e^-$
❼ $2H^+$, $2e^-$, H_2O
❽ $3H^+$, $3e^-$, $2H_2O$
❾ H^+, e^-, H_2O
❿ $2H^+$, $2e^-$, $2H_2O$
⓫ $4H^+$, $4e^-$, $2H_2O$
⓬ $2e^-$

⓭ $2H_2O$, $4H^+$, $2e^-$
⓮ $2H^+$, $2e^-$
⓯ $2H^+$, $2e^-$
⓰ $2e^-$
⓱ $2e^-$
⓲ e^-
⓳ $2e^-$

解　説

● 酸化剤, 還元剤の電子を含むイオン反応式を半反応式という。

● 過酸化水素 H_2O_2 は, 通常は酸化剤としてはたらくが, $KMnO_4$ や $K_2Cr_2O_7$ のような強い酸化剤と反応するときは還元剤としてはたらく。

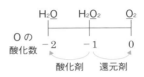

● 二酸化硫黄 SO_2 は, 通常は還元剤としてはたらくが, H_2S のような強い還元剤と反応するときは酸化剤としてはたらく。

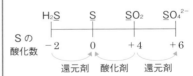

半反応式が書ければ楽勝だ!

A☐❶　$KMnO_4$ と H_2O_2 の反応（硫酸酸性条件）

（酸化剤）$MnO_4^- + 8H^+ + 5e^- \longrightarrow Mn^{2+} + 4H_2O$

（還元剤）$H_2O_2 \longrightarrow O_2 + 2H^+ + 2e^-$

（酸化剤），（還元剤）の電子を消去するよう，係数を合わせて足す。

（酸化剤）× ［ア］＋（還元剤）× ［イ］

　　［ウ］ $\longrightarrow$ ［エ］

A☐❷　両辺に［ア］× 2，［イ］× 3 を加え，化学反応式にする。

　　　　［ウ］ $\longrightarrow$ ［エ］

B☐❸　O_3 と KI の反応（中性条件）

（酸化剤）$O_3 + 2H^+ + 2e^- \longrightarrow O_2 + H_2O$

（還元剤）$2I^- \longrightarrow I_2 + 2e^-$

（酸化剤），（還元剤）の電子を消去するよう，係数を合わせて足す。

（酸化剤）× ［ア］＋（還元剤）× ［イ］

　　［ウ］ $\longrightarrow$ ［エ］

B☐❹　両辺に［ア］× 2，［イ］× 2 を加え，同じ化学式を整理して，化学反応式にする。

　　　　［ウ］ $\longrightarrow$ ［エ］

B☐❺　H_2S と SO_2 の反応

（酸化剤）$SO_2 + 4H^+ + 4e^- \longrightarrow S + 2H_2O$

（還元剤）$H_2S \longrightarrow S + 2H^+ + 2e^-$

（酸化剤），（還元剤）の電子を消去するよう，係数を合わせて足す。

（酸化剤）× ［ア］＋（還元剤）× ［イ］

　　［ウ］ $\longrightarrow$ ［エ］

解 答

❶ア：2

　イ：5

　ウ：$2MnO_4^- + 6H^+$
　　　　　　　　$+ 5H_2O_2$

　エ：$2Mn^{2+} + 8H_2O$
　　　　　　　　$+ 5O_2$

❷ア：K^+

　イ：SO_4^{2-}

　ウ：$2KMnO_4 +$
　　　　$3H_2SO_4 + 5H_2O_2$

　エ：$2MnSO_4 + 8H_2O$
　　　　　$+ 5O_2 + K_2SO_4$

❸ア：1

　イ：1

　ウ：$O_3 + 2H^+ + 2I^-$

　エ：$O_2 + H_2O + I_2$

❹ア：OH^-

　イ：K^+

　（アとイは順不同）

　ウ：$O_3 + H_2O + 2KI$

　エ：$O_2 + I_2 + 2KOH$

❺ア：1

　イ：2

　ウ：$SO_2 + 2H_2S$

　エ：$3S + 2H_2O$

解 説

● 酸化還元反応において，H^+ を加えるとき，H_2SO_4 を用いることが多い。HCl は還元剤として，HNO_3 は酸化剤としてはたらいてしまうため，用いることができないことが多い。

● H_2SO_4 1分子から H^+ は2個生じる。

　$H_2SO_4 \longrightarrow 2H^+ + SO_4^{2-}$

● ❸，❹ のように，中性条件のときでも，先に H^+ と H_2O で合わせる。その後，H^+ を中和するよう同数の OH^- を加えて H_2O とし，両辺を整理する。

● 酸化還元反応を利用した溶液の濃度を求める操作を酸化還元滴定という。

● I_2 が反応に関与するとき，指示薬としてデンプン水溶液を用いる。I_2 はデンプン水溶液で青色（青紫色）を示すが，I^- は色を示さないことを利用している。

酸化還元反応式を
自力で書けるよう
にしよう！

A☐ ❶ 0.10 mol/L の $H_2C_2O_4$ 水溶液 10 mL に希硫酸を加え，濃度不明の $KMnO_4$ 水溶液を滴下したところ，10 mL 加えたところで終点に達した。

（酸化剤）$MnO_4^- + 8H^+ + 5e^-$
$$\longrightarrow Mn^{2+} + 4H_2O$$
（還元剤）$H_2C_2O_4 \longrightarrow 2CO_2 + 2H^+ + 2e^-$

この滴定の終点はどのように判断すればよいか。

A☐ ❷ ❶ で起きている反応を化学反応式で示せ。

e^- を消去するよう整理すると，

（酸化剤）×［ア］＋（還元剤）×［イ］より，

［ウ］$\longrightarrow$［エ］

両辺に $K^+ \times 2$，$SO_4^{2-} \times 3$ を加える。

$2KMnO_4 + 3H_2SO_4 + 5H_2C_2O_4$
$$\longrightarrow 2MnSO_4 + 8H_2O + 10CO_2 + K_2SO_4$$

B☐ ❸ ❷ より，$KMnO_4$ 水溶液の濃度を e^- の授受から求めよ。

$$\underbrace{x \times [ア] \times [イ]}_{\substack{[\text{mol/L}] \quad [\text{L}] \\ MnO_4^- [\text{mol}]}} = \underbrace{[ウ] \times [エ] \times [オ]}_{\substack{[\text{mol/L}] \quad [\text{L}] \\ H_2C_2O_4 [\text{mol}]}}$$

MnO_4^- が受け取った e^- [mol]　$H_2C_2O_4$ が失った e^- [mol]

$$x = [カ] \text{ mol/L}$$

B☐ ❹ $KMnO_4$ 水溶液の濃度を反応式の係数比から求めよ。

$KMnO_4$ [mol]：$H_2C_2O_4$ [mol] $= 2 : 5$ より，

$$\underbrace{x \times [ア]}_{\substack{[\text{mol/L}] \quad [\text{L}] \\ KMnO_4 [\text{mol}]}} : \underbrace{[イ] \times [ウ]}_{\substack{[\text{mol/L}] \quad [\text{L}] \\ H_2C_2O_4 [\text{mol}]}} = 2 : 5$$

$$x = [エ] \text{ mol/L}$$

解　答	解　説

❶ MnO_4^- の赤紫色が消えずにわずかに着色したとき

- 酸化還元反応を利用して溶液の濃度を求める操作を酸化還元滴定という。

- 滴定の図は次の通り。

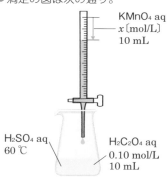

❷ ア：2
　イ：5
　ウ：$2MnO_4^- + 6H^+ + 5H_2C_2O_4$
　エ：$2Mn^{2+} + 8H_2O + 10CO_2$

- 酸化還元滴定では，
　酸化剤が受け取った電子〔mol〕
　＝還元剤が失った電子〔mol〕
　のとき，終点となる。

❸ ア：$\dfrac{10}{1000}$
　イ：5
　ウ：0.10
　エ：$\dfrac{10}{1000}$
　オ：2
　カ：0.040

- 反応速度を高めるため，60℃くらいに温める。90℃以上になると，$KMnO_4$ が分解してしまう。

❹ ア：$\dfrac{10}{1000}$
　イ：0.10
　ウ：$\dfrac{10}{1000}$
　エ：0.040

- ❶のように，e^- の係数を合わせて一つの式にまとめるときは，酸化剤を 2 倍，還元剤を 5 倍する。
　❸のように，e^- の授受を合わせるときは，酸化剤を 5 倍，還元剤を 2 倍する。掛ける数に注意すること。

A☐❶　金属が水溶液中で［ア］を放出して［イ］になろうとする性質を金属のイオン化傾向という。

A☐❷　イオン化傾向の大きい順に並べたものを何というか。

・❷を示す。

Li K Ca Na Mg Al Zn Fe Ni Sn Pb (H₂) Cu Hg Ag Pt Au

B☐❸　冷水で反応するのはどれか。

B☐❹　冷水では反応しないが，熱水だと反応するのはどれか。

B☐❺　冷水，熱水では反応しないが，高温水蒸気だと反応するのはどれか。

A☐❻　❸〜❺で反応したとき，発生する気体は何か。

B☐❼　イオン化傾向が［　］より大きい金属は，希塩酸や希硫酸と反応する。

B☐❽　希塩酸や希硫酸では反応しないが，酸化力の強い酸（硝酸や熱濃硫酸）と反応するのはどれか。

A☐❾　濃硝酸とは反応しない金属はどれか。

A☐❿　❾の理由は，表面に緻密な酸化被膜を生じ，金属内部を保護するためである。この状態を何というか。

A☐⓫　❽で希硝酸と反応して発生する気体は何か。

A☐⓬　❽で濃硝酸と反応して発生する気体は何か。

A☐⓭　❽で熱濃硫酸と反応して発生する気体は何か。

B☐⓮　王水とだけ反応するのはどれか。

C☐⓯　王水は濃塩酸と濃硝酸を何対何で混ぜたものか。

| 解　答 | 解　説 |

❶ ア：電子
　 イ：陽イオン

❷（金属の）イオン化列

● イオン化列の覚え方

Li　K　CaNa Mg Al Zn Fe Ni
リッチに貸そうか な ま あ あ て に
Sn Pb（H₂）Cu Hg Ag　Pt Au
すんな　ひ ど す ぎる 借 金

● 上の覚え方での活用法
　左から 4・4・3・4・2 と分ける。
　4 ➡ 冷水と反応
　4 ➡ 高温水蒸気（熱水）と反応
　3 ➡ 酸と反応
　4 ➡ 酸化力が強い酸と反応
　2 ➡ 王水と反応

❸ Li，K，Ca，Na

❹ Mg

❺ Al，Zn，Fe

● 水素は金属ではなく非金属だが，
　比較のために入れてある。

❻ 水素（H₂）

❼ 水素（H₂）

● Pb を塩酸や希硫酸に入れても，
　水に溶けにくい $PbCl_2$ や $PbSO_4$
　を表面に生じるので溶けない。

❽ Cu，Hg，Ag

❾ Al，Fe，Ni

❿ 不動態

● 反 応 例

❸ $2Na + 2H_2O \longrightarrow 2NaOH + H_2$

❹ $Mg + 2H_2O \longrightarrow Mg(OH)_2 + H_2$

❺ $2Al + 3H_2O \longrightarrow Al_2O_3 + 3H_2$

❼ $Zn + 2HCl \longrightarrow ZnCl_2 + H_2$

⓫ 一酸化窒素（NO）

⓬ 二酸化窒素（NO₂）

⓭ 二酸化硫黄（SO₂）

⓮ Pt，Au

⓯ 3 : 1

⓫ $3Cu + 8HNO_3$
　　$\longrightarrow 3Cu(NO_3)_2 + 4H_2O + 2NO$

⓬ $Cu + 4HNO_3$
　　$\longrightarrow Cu(NO_3)_2 + 2H_2O + 2NO_2$

⓭ $Cu + 2H_2SO_4$
　　$\longrightarrow CuSO_4 + 2H_2O + SO_2$

テーマ 54 | 電池の原理

A□ ❶ ［ア］反応によって放出される［イ］エネルギーを［ウ］エネルギーに変える装置を電池という。

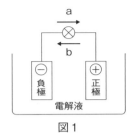

図1

B□ ❷ ［ア］反応が起こって，電子が流れ出す電極を［イ］極，電子が流れ込んで，［ウ］反応が起こる電極を［エ］極という。

A□ ❸ 図1のa，bのうち，電子の流れの向きは［ア］，電流の流れの向きは［イ］である。

B□ ❹ 電池内で酸化還元反応にかかわる物質を何というか。

B□ ❺ 両極間に生じる電位差（電圧）を電池の何というか。

B□ ❻ 電池から電流を取り出すことを［ア］，［ア］の後に下がった ❺ を回復させる操作を［イ］という。

A□ ❼ 鉛蓄電池のように充電してくり返し使える電池を［ア］電池または蓄電池，マンガン乾電池のように，充電による再使用ができない電池を［イ］電池という。

B□ ❽ 図2の電池は何電池とよばれているか。

B□ ❾ 図2の電池の負極は亜鉛板，銅板のどちらか。

B□ ❿ 図2の両電極で起こる化学変化をそれぞれ答えよ。

C□ ⓫ 図2の素焼き板の役割を二つ答えよ。

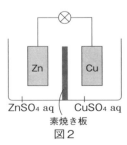

図2

解 答

❶ア：酸化還元
 イ：化学
 ウ：電気

❷ア：酸化
 イ：負
 ウ：還元
 エ：正

❸ア：a
 イ：b
❹活物質

❺起電力

❻ア：放電
 イ：充電
❼ア：二次
 イ：一次

❽ダニエル電池
❾亜鉛板
❿亜鉛板：

 $Zn \longrightarrow Zn^{2+} + 2e^-$

銅板：

 $Cu^{2+} + 2e^- \longrightarrow Cu$

⓫・2液の混合を防ぐ
 ・イオンを通して電
  気的に接続する

解 説

● 自発的に起こる酸化還元反応を利用して，化学エネルギーを電気エネルギーに変える装置を電池という。

● 電子が流れ出す極を負極，電流が流れ込む極を正極という。
 電子：負極 ➡ 正極
 電流：正極 ➡ 負極

● 水溶液に浸した2種類の金属を電極，水溶液を電解液という。

● 電子を与える物質を負極活物質，電子を受け取る物質を正極活物質という。

● ダニエル電池は，ダニエル（英）が1836年に考案した。

● **ダニエル電池の電池式と構造**
 $(-) \, Zn|ZnSO_{4}aq|CuSO_{4}aq|Cu \, (+)$

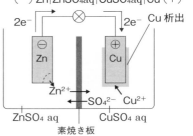

● **1800年に考案されたボルタ電池の電池式**
 $(-) \, Zn|H_{2}SO_{4} \, aq|Cu \, (+)$

B☐❶ 負極活物質に Pb, 正極活物質に PbO_2, 電解液に H_2SO_4 水溶液を用いた二次電池の名称を答えよ。

B☐❷ ❶の電池の各電極の反応式を示せ。

(負極) $Pb + SO_4^{2-} \longrightarrow$ [ア] $+ 2e^-$

(正極) $PbO_2 +$ [イ] $+ SO_4^{2-} + 2e^-$
$\longrightarrow$ [ウ] $+ 2H_2O$

B☐❸ ❶の電池の全体の反応式を示せ。

$Pb + PbO_2 +$ [ア] $\longrightarrow$ [イ] $+ 2H_2O$

C☐❹ ❶の電池を充電するときは, 電源装置の負極を電池の[ア]極に, 正極を[イ]極につなげ, [ウ]以上の電圧をかける。

B☐❺ 負極活物質に H_2, 正極活物質に O_2, 触媒として Pt, 電解液に H_3PO_4 や KOH 水溶液を用いた電池の名称を答えよ。

B☐❻ リン酸型❺の各電極の反応式を示せ。

(負極) $H_2 \longrightarrow$ [ア] $+ 2e^-$

(正極) $O_2 +$ [イ] $+ 4e^- \longrightarrow$ [ウ]

B☐❼ アルカリ型❺の各電極の反応式を示せ。

(負極) $H_2 +$ [ア] $\longrightarrow$ [イ] $+ 2e^-$

(正極) $O_2 +$ [ウ] $+ 4e^- \longrightarrow$ [エ]

B☐❽ ❺の電池の全体の反応式を示せ。

$2H_2 + O_2 \longrightarrow$ [ ]

C☐❾ 負極活物質に Zn, 正極活物質に MnO_2, 電解液に $NH_4Cl + ZnCl_2$ 水溶液を用いた電池の名称を答えよ。

C☐❿ 負極活物質に Li^+ を含む黒鉛, 正極活物質にコバルト酸リチウム $LiCoO_2$, 電解液に有機溶媒を用いた電池の名称を答えよ。

解　答

❶鉛蓄電池

❷ア：PbSO₄
　イ：4H⁺
　ウ：PbSO₄

❸ア：2H₂SO₄
　イ：2PbSO₄
❹ア：負
　イ：正
　ウ：起電力
❺燃料電池

❻ア：2H⁺
　イ：4H⁺
　ウ：2H₂O
❼ア：2OH⁻
　イ：2H₂O
　ウ：2H₂O
　エ：4OH⁻
❽2H₂O
❾マンガン乾電池

❿リチウムイオン電池

解　説

● 鉛蓄電池の電池式
$$(-) \text{Pb} | \text{H}_2\text{SO}_4 \text{ aq} | \text{PbO}_2 (+)$$

● 鉛蓄電池を放電すると，希硫酸の濃度（密度）は小さくなり，充電すると濃度（密度）は大きくなる。

● 水素などの燃料と酸素を外部から供給し，そのエネルギーを電気エネルギーとして取り出す装置を燃料電池という。燃料電池はエネルギー変換効率が高く，初期にはアポロ宇宙船などに使われた。

● 燃料電池の電池式
$$(-) \text{H}_2 | \text{H}_3\text{PO}_4 \text{ aq} | \text{O}_2 (+)$$
$$(-) \text{H}_2 | \text{KOH aq} | \text{O}_2 (+)$$

● リン酸型燃料電池の構造

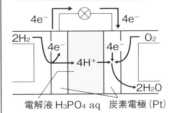

電解液 H₃PO₄ aq　炭素電極（Pt）

● マンガン乾電池の電池式
$$(-) \text{Zn} | \text{ZnCl}_2 \text{ aq, } \text{NH}_4\text{Cl aq} |$$
$$\text{MnO}_2, \text{ C} (+)$$

● リチウムイオン電池の電池式
$$(-) \text{LiC} | \text{有機溶媒} | \text{LiCoO}_2 (+)$$

用語さくいん（五十音順）

用語さくいん（アルファベット順）

西村　能一（にしむら　よしかず）

　横浜生まれの横浜育ち。7年間の私立高校教諭勤務を経て、現在、駿台予備学校講師。関東地区から関西地区まで多くの校舎に出講し、映像授業も担当。毎年多くの受験生を合格に導いている。

　化学現象が楽しく理解できる解説と、生徒が復習しやすい板書で高い評価を受ける。受講生から「化学が好きになった♪」と言われることを生きがいとし、授業や執筆を精力的にこなす多忙な日々を送っている。

　著書に、『化学早わかり　一問一答』のほか、『大学入試　化学反応のしくみが面白いほどわかる本』『直前30日で9割とれる　西村能一の　共通テスト化学基礎』『科学の名著50冊が1冊でざっと学べる』（以上、KADOKAWA）、共著書として、『ここで差がつく　有機化合物の構造決定問題の要点・演習』（KADOKAWA）、『化学頻出!スタンダード問題230選』（駿台文庫）がある。

大学合格新書（だいがくごうかくしんしょ）

改訂版（かいていばん）　化学基礎早わかり（かがくきそはや）　一問一答（いちもんいっとう）

2022年4月8日　初版発行

著者／西村　能一（にしむら　よしかず）

発行者／青柳　昌行

発行／株式会社KADOKAWA
〒102-8177　東京都千代田区富士見2-13-3
電話　0570-002-301（ナビダイヤル）

印刷所／大日本印刷株式会社